中国读本

中国古代纺织与印染

赵翰生 著

中国国际广播出版社

中国古代的数字卦

目 录

第一章 古代的丝绸 ··· 1
一 丝帛起源 ··· 2
二 历代的丝绸生产 ·· 6
三 缫丝、练丝和练帛 ··· 28
四 古代主要的丝绸品种 ·· 34
五 丝绸及丝织技艺的外传 ······································· 51

第二章 古代的葛、麻纺织 ·· 61
一 麻类纤维的品种 ·· 62
二 麻纤维的脱胶技术 ··· 65
三 麻纺织技术 ··· 69

第三章 古代的毛纺织 ··· 75
一 毛类纤维的种类 ·· 76
二 毛纤维的初工技术 ··· 80
三 毛纺织技术 ··· 81

第四章 古代的棉纺织 ··· 87
一 宋以前的棉织业 ·· 88
二 黄道婆对棉织业的贡献 ······································· 93
三 棉织业在全国的普及 ·· 96
四 棉织业发展普及的原因 ······································· 99

第五章　古代的纺织机具 ……………………… 103
一　缫丝、络丝、整经机具 ……………… 104
二　纺纱机具 …………………………… 111
三　织造机具 …………………………… 125

第六章　古代的染整技术 ……………………… 141
一　颜料和染料的种类 …………………… 142
二　染色技术 …………………………… 155
三　古代的色谱 ………………………… 159
四　印花技术 …………………………… 163
五　整理技术 …………………………… 173

第七章　古代与纺织技术有关的重要书籍 …… 177
一　《齐民要术》 ………………………… 179
二　《蚕书》 ……………………………… 181
三　《耕织图》 …………………………… 183
四　《农桑辑要》 ………………………… 185
五　《农书》 ……………………………… 187
六　《梓人遗制》 ………………………… 189
七　《本草纲目》 ………………………… 190
八　《农政全书》 ………………………… 193
九　《天工开物》 ………………………… 194
十　《豳风广义》 ………………………… 196

参考文献 ………………………………………… 199

第一章
古代的丝绸

蚕丝是蚕老熟时,通过它的吐丝管连续不断地吐出的物质。由丝素和丝胶组成,能连续缫引,其长可达1 000米,是天然纤维中最长的一种。具有良好的韧性、弹性、纤细度、光泽、柔软、光滑等许多优良纺织特性,是十分理想、贵重、高级的纺织原料。我国是养蚕治丝的发源地,历代生产的丝织物,以精湛的制作,高超的技艺,使我国一直在世界上享有"东方丝国"之称。我国传统的、高水平的丝织技术,对世界文明曾经产生过相当深远的影响,是世界科学文化遗产的重要组成部分。

一 丝帛起源

养蚕织帛,是我国古代举世公认的伟大发明之一。关于它的起源,具体发生在什么年代,其说不一。古代有关的传说和神话很多。其中有两个传说流传最广、影响最大:一是伏羲氏化蚕桑为绵帛;二是西陵氏之女,黄帝的元妃嫘祖,始教民育蚕治丝,以供衣服。这两种说法年深日久,几乎已成信史,常常被各种书籍加以引用。我们知道传说是伴随着历史而存在的,过去人们往往把一些伟大的发明,归功到某个圣人或贤哲身上,作为对他们的伟大和贤能的赞颂。中国的蚕丝生产起源很早，对人民生活影响极大，把它的创造发明权推溯到中华民族神话中的祖先伏羲氏和黄帝元妃嫘祖身上，是很自然的事情，也是可以理解的。

用现代的眼光来看，这些动人的传说当然是没有充分科学依据的。因为织作一匹美丽的丝绸，必须要经过育蚕缫丝、织造等多道工序才能完成。这样众多的工艺，决不会也不可能是一个人在较短时期之内创造出来的，尤其是在远古时期生产力非常落后的情况下，它肯定是经历过极其漫长的岁月，融会了不同时期人的发明创造，并且在各个环节上都取得了突破，才形成的伟大发明。不过传说是历史的影子，黄帝时代相当于仰韶文化晚期到龙山文化初期，我国养蚕织帛的历史确实从那时就已开始，这可以从出土文物中得到印证。

在迄今发掘的各地新石器遗址中，不仅发现了很多蚕形纹饰，而且还有蚕茧和丝织品实物出土。

出土过蚕形纹饰的遗址有：

1921年，在辽宁省砂锅屯仰韶文化遗址中，曾发掘到一个长数厘米的大理石制作的虫形饰。其上的虫形被学者确认为蚕。

1960年，在山西省芮城西王村仰韶文化晚期遗址中，出土过一个长1.8厘米，宽0.8厘米，由6个节体组成的陶制蚕蛹形装饰。

1977年，在浙江省余姚河姆渡遗址中（距今约7000年），出土过一个骨盅。此盅口沿处有两个对称的小圆孔，孔壁有清晰可见的螺纹，腹部外壁刻有编织纹和4条蠕动的虫形纹。虫纹的身节数与蚕相同，结合同时出土的大量蝶蛾形器物，学者认为虫形纹是蚕纹（图1）。

此外，在河北正定南杨庄和山西的仰韶文化遗址中曾出土过陶蚕；甘肃省临洮县冯家坪遗址和安徽省蚌埠市郊吴郢遗址出土的陶罐壁上，亦曾发现蚕形图案。

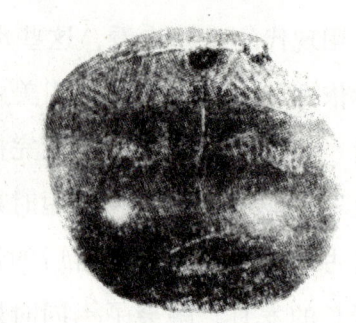

图1　浙江余姚河姆渡出土盅形骨器上的蚕纹

大约有三处遗址出土过蚕茧和丝织品实物：

1926年，在距今约5600~6000年的山西夏县西阴村居民遗址中，出土过一个半截蚕茧。此茧残长约1.36厘米，最宽处约为0.71厘米，曾被利刃所截。出土时壳体虽已转化为化石，但表面仍有光泽（切掉部分约占1/6）。据发掘者李济博士和昆虫学家刘崇乐的研究，初步判断茧壳是桑蚕茧。这次发现不仅找到了茧壳，而且还找到了原始的纺丝工具——纺轮，这轰动了当时世界的学术界，为人们研究丝绸起源提供了具体物证。后来，日本学者滕井守一评价这一发现说："这次发现，使素称'丝绸之国'的中国开始养蚕治丝的时间获得了有力的证

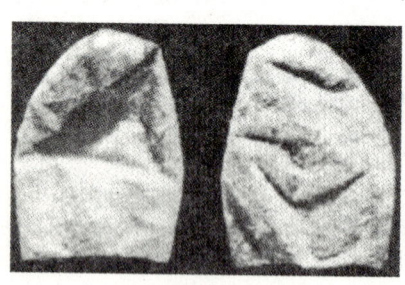

图2　出土的半截蚕茧

明。"(图2)

1958年,在距今4700年左右的浙江省钱山漾新石器时代遗址中,出土过一些纺织品。经鉴定,这些纺织品中有丝、麻两类。丝织品有绸片、丝线和丝带,绸片尚未完全碳化,呈黄褐色,长2.4厘米,宽1厘米,属长丝制品。丝纤维截面积为40平方微米,丝素截面呈三角形,全部出于家蚕蛾科的蚕。这是长江流域迄今发现最早、最完整的丝织品(图3)。

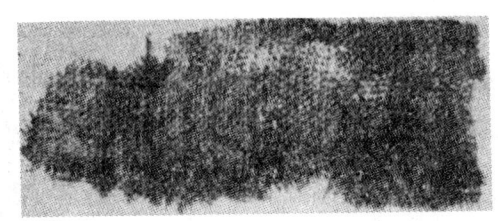

图3 浙江吴兴钱山漾出土的残绸片

1984年,在河南省荥阳县青台村一处仰韶文化遗址中,出土过一些丝、麻纺织品。其中丝织品除平纹织物外,还有组织十分稀疏的罗织物。这是黄河流域迄今发现最早、最确切的实物。

大量蚕形纹饰的出土,既说明蚕与人们日常生活关系之密切,又表明当时可能已出现了蚕神崇拜。而丝织物实物的出土,则证明在距今5000年之前,黄河流域和长江流域地区已开始人工饲养蚕,出现了一定规模的蚕业生产。也就是说,我国蚕业丝绸的源头,至少可以定在新石器时代晚期,且是在不同地域相继独立出现。

先民们是如何发现蚕丝的作用的?由于历史久远,只能做些探测。其中很可能是经历了一个由"吃"到"穿"的变化。过程大概是这样的:原始社会,生产力不发达,食物极度匮乏，凡是可以充饥的东西都是人类觅集的目标。蚕蛹含有高蛋白，既可以充饥，又可以增强体力，因此人们尽可能多地采集食用。蚕蛹被蚕茧包裹着，取食蚕蛹需将蚕茧剥开。最初是利用利器逐个剥取（山西夏县西阴村遗址出土被利刃所截的半截蚕茧印证了这点），费力费时。后来发现将蚕茧放在水中浸煮，蚕茧会自然松散，可以较为容易地一次就得到大量蚕蛹，而煮熟后的蚕蛹又易于消化，于是舍弃利器，采用煮茧取蛹。茧煮过后，蚕丝呈松散状态。最初，人们吃过蚕蛹后即将蚕丝丢弃，当丢弃的蚕丝聚集多了后，借鉴利用韧皮纤维的经验，尝试着加以利用。经过一段时间的实践，发现蚕丝的纤维纤长、光滑，其韧性和光泽，是其他任何天然纤维无法比拟的，具有良好纺织性能，遂开始大量利用。

二 历代的丝绸生产

（一）先秦时期的丝绸生产

中国历来重视丝绸生产，根据现有的资料来看，可以肯定，至迟在商代时丝绸的织作和利用就已相当普及，并已具备一定的生产规模，掌握了比较高的织造技术。

商代的丝绸，我们可从出土文物中约略窥知一些。由于年代久远，埋在地下的商代丝绸是很难看到比较完整的了。值得庆幸的是在现出土的个别商代青铜器上还黏附有少许丝织物的残片，可供我们参考。

丝绸为什么与青铜器粘连在一起呢？这是因为青铜器在商代是相当贵重的物品，当时盛行厚葬，商代的帝王和贵族死后，除以奴隶殉葬，还习惯把他们生前喜爱的东西，特别是铜器，包裹上丝绸，一同放入墓中陪葬。随着岁月的流逝，这些铜器受到了不同程度的侵蚀，表面出现了斑斑锈痕。而包在铜器上的丝绸，却因铜锈渗透，与铜器黏附在一起，避免了微生物的侵蚀，得以一并保存下来。在河南安阳、河北藁城台西村等殷商贵族墓葬中的青铜器上，都黏附有这样的丝织物残痕。

从这两处墓葬出土的丝绸残痕来看，组织都是平纹地组织上起斜纹花的织品，有菱形、方格形和回纹形花纹。通过对这些织纹的分析，表明当时确已掌握了简单的小提花技术，并能织制出疏密相当、组织严密的暗花图案。这样的一些图案，大概都是殷商时期较为流行的丝织物和衣饰上的纹样。中国历史博物馆里陈列着一幅根据殷商石刻残像复原的画像，画中人物的服饰就属于"回纹"，可以为证。

由于纺织生产与人们实际生活有非常密切的关系，周代统治者非常重视对纺织手工业的管理。据《周礼》记载，周王朝对纺织手工业从纺织原材料的征集，到纺织、织造、练漂、染色等工作都设有专门的管理机构，且彼此有细致的分工。周代将掌管纺织生产的管理机构称为"典妇功"。

在"典妇功"内分设有"典丝"、"典枲"、"内司服"、"缝人"、"染人"五个部门。典丝专门掌管丝绸原料征集、收藏和加工，其具体任务是征收蚕丝、检验质量、核定价格、记录并收藏入库、开工之时给从事纺织生产的妇女分配原料，每逢祭祀、丧礼，以丝绣装饰祭器，遇到帝王赏赐有功之臣时，提供作为赐品的丝绸；内司服专管王和后的"朝服"及祭丧大典之服；缝人专管缝纫；染人则管染丝、染绸。《周礼》的这些记载说明周朝官办手工业中的纺织生产的组织和分工已经相当科学和细密，这样的管理方式西方国家出现的时间比我国要晚得多。

从西周到战国时期，丝织手工业发展很快，织制丝织物的地区也大为增加。我们通过史料对这一时期织制丝绸情况的描述，仍可以大致地看出来，在相当于现在的陕西、河南、河北、山东和湖北等地都有蚕桑生产活动。如《诗经》中的《豳风·七月》说：西周初期岐山一带（现在陕西省境内）养蚕、治丝、染色的生产很兴盛；《魏风·十亩之间》和《卫风·氓》说：春秋时魏国和卫国栽桑和买卖丝的活动都很活跃。在其他各篇中描述丝织物品种和色彩的词句也相当多。另如号称著于夏初而实成书于战国时期的《禹贡》，也谈到战国时丝织业的分布和生产情况。这部书是我国现存最早的一部地理书，书中把当时我国的内地和接近内地的地区划为"九州"，扼要地叙述了各地的物产以及献给中央王朝的贡品。其中有六个州均以丝和丝织品作为主要物产，如兖州（今山东北部，河北南部一带）有丝和起花纹的绸；青州（今山东南部，河南东部一带）有厡丝（用厡桑养蚕所产的丝）；徐州（今安徽、江苏的淮河流域）有经过练染的黑色细绸；扬州（今淮河以南地区）有一种手工绘花纹的丝织物；荆州（今江苏、安徽沿长江两岸一带）有用染成黑和赭红色的丝织成的彩带；豫州（今河南及湖北的北部）有很纤细的丝绵。

这个时期的蚕桑生产大概是以临淄为中心的齐鲁地区规模最大，最为兴盛。据《史记》说以前齐鲁之地土地贫乏，人民贫困。直到姜子牙帮周武王灭周建功，被封于营丘（临淄一带）后，他的子孙重视手工业，鼓励人们从事渔、盐、漆、丝的生产，才改变了这种面貌，使丝绸产量迅速增加，商业流通也大为发展。其地丝绸远贩四方，并获得"衣履冠带天下"的盛誉。

由于丝绸在这个时期的经济生活中占有重要地位，各国统治者都把加强蚕桑生产作为富国裕民之策，劝导人民努力蚕桑，并制定出种种优惠政策。如秦国商鞅变法时就曾颁布保护法令，规定生产缯帛多的人可免除徭役。

史料中所记下面的这件事，很能反映蚕桑生产对各国政治、经济的影响之大。春秋时，吴越两国相争，越国败灭。越王勾践卧薪尝胆，力图复国，一方面施行"必先省赋敛，劝农桑"的政策，大力发展经济，并"身自耕作，夫人自织"，极力积累财富；另一方面又不断地采用诱之以物质享受和声乐玩嬉的方法，多方削弱吴国君臣的斗志，曾经"重财帛以遗其材，多贷赂以喜其臣"，用钱币和丝绸厚赠吴国君臣。并将美丽的西施送与吴王为妾，陪他玩乐。20年后，终于灭吴，复兴了越邦。西施是传说中的中国古代四大美女之一，现浙江诸暨苎罗村旁的小溪被称为浣溪，据传就是因西施少女时在此漂洗过丝绸而得名。

最突出的是，为了蚕桑利益，国与国之间还不惜使用武力，甚至发动战争。《吕氏春秋》、《史记》等书中都记载了这样一个故事：在楚国和吴国接壤的边境，两国女子因争夺桑叶，发生纠纷，竟殃及人命。楚平王闻听后，大为愤怒，决定派兵打仗。吴国借此机会也派公子光攻打楚国，占领了楚国的居巢（今安徽巢县）和钟离（今安徽凤阳）两个城市，大胜而归。

随着丝织技术的提高和丝绸产量的大幅度增加，丝绸产品除了满足贵族的日常需求，还有了大量剩余，使它作为商品进入市场流通。

《管子》中有一段用丝绸换谷子的记载。大意是：商朝初年商的伊尹，奉殷王命令去攻打夏朝最后的一个国王桀时，了解到夏朝丝绸的消费量很大，桀荒淫无道，所养伎乐女竟有三万余人，而且全都穿丝绸衣服，于是就用"亳"这个地方女工织的丝绸和刺绣品从夏换回大量谷物粮食。这表明在商初已将丝织品作为商品来交换。

考古学和文字学中所说的金文是铸或刻在商、周青铜器上的铭文，内容多属于与祀典、赐命、征伐、契约有关的记事，史料价值很高。有一段西周金文就记载了一件有关丝绸交换的故事。内容大意是：一个叫曶的贵族，准备用一匹马和一束丝与一个叫限的贵族换五个奴隶。限嫌少，没成交。曶改用百"挦"（一种货币）去换，限还是不同意，于是曶向井叔之处提出诉讼，井叔判曶胜诉。这个故事一方面告诉我们周代奴隶不值钱，可以任意买卖，另一方面也说明丝帛作为昂贵商品的流通，已日趋兴盛。

丝绸贸易的兴盛必然导致丝绸商品规格的出现。《汉书·食货志》载：周初，姜尚建议建立布帛的规格制度，规定"布帛广一尺二寸为幅，长四丈为匹"。《礼记·王制》中也提到了制定布帛制度的意义，并且强调凡是不符合规定长度和幅宽的产品，不能用它纳贡和上市售卖。

《韩非子》里有一段吴起休妻的故事，很能说明当时社会对丝绸产品规格的重视。故事大意是战国时吴起让其妻织丝带子，因为看见妻子所织的幅宽比规定的窄，便让她修改。其妻说：经纱已经上机，况且我已经织完了一部分，现在无法更改。吴起听了不胜愤怒，立即休妻，把她赶走了。这个故事在某种角度上说明，幅宽不合标准在当时是不应该出售的。

（二）秦、汉时期的丝绸生产

秦汉时期是中国古代丝织手工业生产蒸蒸日上并且业已达到比较成熟的时期。这时期的丝织产地东起沿海，西及甘肃、南起海南、北及内蒙古，覆盖面相当广。最兴盛的丝绸产区是黄河中下游以临淄和襄邑为中心的山东、河南、河北的接壤地区；次则为渭水流域、山西中部和南部地区。较多见于记载的有：长安（今陕西西安）、临淄（今淄博市）、襄邑（今河南睢县）、亢（今山东济宁市）、东阿（今山东阳谷县）、钜鹿（今河北平乡县）、河山（今河南武陟县）、朝歌（今河南洪县）、清河（今河北临清县）、房子（今河北高邑县）、蜀郡（今四川成都市）、珠崖（今海南琼山县）、永昌郡（今西南少数民族地区）和相当于现在内蒙古呼和浩特以及甘肃的嘉峪关等地。当时的临淄、襄邑和东阿等地都生产过不少历史上著名的优质品种。左思曾在《魏都赋》中对当时各地丝织名产有一总结："锦绣（属）襄邑，罗绮（属）朝歌，绵纩（属）房子，缣总（属）清河。"全国绢帛生产数量更是惊人，据《汉书·平准书》记载，在天府年间，官府每年收集民间贡赋绢帛约在五百万匹以上。按当时规定的幅宽二尺二寸，匹长四丈计算，约合当今二千四百平方米之多。这在约有五千万人口的汉代，产量已是十分可观。

秦汉时期官营丝织业也得到了进一步加强。据记载，西汉在京城长安设有东、西两个织室，专门织作供西汉王朝统治需用的文绣郊庙之服。在盛产丝绸的陈留郡襄邑（今河南睢县）和齐郡临淄设置"三服官"，所谓"三服"即首服（春服）、冬服、夏服，负责提供宫廷制作三服所需的轻纱、纨、素、绮、绣等精细丝绸品。这些官营丝织业所用的费用都十分惊人。据《汉书·禹贡传》说"故时齐三服官，输物不过十笥，方今作工各数千人，一岁费数巨万"、"东西织室亦然"。这里所说的"故时"，是指汉武帝以前,"方今"是指汉武帝时,所说的"数千人"是指汉武帝时三服官下属的工作人数。通过这些材料,足可看出当时官营丝绸业的规模之大。

除了官营丝绸生产外,豪门富户和农户家庭生产的丝绸数量也相当大。

关于豪门富户的丝绸生产,《汉书》里也有一段记载,很能反映他们的情况:"(张)安世身衣弋绨(黑色的粗绸),夫人自纺织,家童七百人,皆有手技作业,内治产业,累织纤微,是以能殖其货(使利润增长)。"其妻亲自参与纺织,其家童当然也被驱使从事这种生产。《后汉书》里也有一段类似的记载:"朱隽少孤,母以贩缯(丝绸)为业,同郡周起,负官债百万,县催责之,隽窃母帛(丝绸),为起解债。"朱隽所窃其母的丝绸,当然仅是其母所拥有丝绸的一部分,尚且值钱百万,那么,其母全部丝绸的总价值自然更大。可想见当时市场流通的丝绸,为数一定已非常可观。

耕和织是中国封建时代的主要生产支柱,所以历来都有这样的说法:"一夫不耕,或受之饥,或受之寒。"汉代亦然。纺织手工业是汉代农户最普遍从事的家庭副业,家家户户都是如此,几乎没有例外。当时的生产能力,现在还能知道一些。下面我们根据几则文献粗略判断一下。

《玉台新咏·上山采蘼芜》:

上山采蘼芜,下山逢故夫,长跪问故夫……新人工织缣,故人工织素,织缣日一匹,织素五丈余……

《玉台新咏·为焦仲卿妻作并序》：

孔雀东南飞，五里一徘徊，十三能织素……鸡鸣入机织，夜夜不得息，三日断五匹，大人故嫌迟……

《张丘建算经》：

今有女善织，日益功疾。初日织五尺，今一月织九匹三丈，问日织几何？答曰：五寸二十九分寸之十五……今有女不善织，日减功迟。初日织五尺，末日织一尺，今三十日织讫，问日织几何？答曰：二匹一丈。

汉代规定匹长40尺，幅宽2.2尺，汉尺比今市尺要小，一汉尺约合今0.593市尺，一匹布的总长约合今27.7市尺，幅宽约合今1.5市尺。文中每个妇女的日产量都有一匹或以上，也就是今天30多尺（素织物），如果能够综合当时全国农户之所织，其数量无疑更是非常可观的。因为产量高，汉朝政府税收的布帛数量也相应地加大，皇帝赏赐臣下，动辄帛絮千万。据史书记载，汉武帝在一次东封泰山的活动中，仅用于赏赐臣下的，就达100多万匹；一次赠匈奴单于竟达千万匹之数。当时一些权贵幸臣竟至"柱槛衣以绨锦"，"犬马衣以文绣"。

汉代丝织品不仅产量大，而且丝织品的品种繁多。仅以《说文解字》所列为例，其中收录有关纺织包括丝绸和染色工艺的字有几十个，如属于丝绸品种的有锦、绮、绫、纨、缣、绨、绢、缦、绣、缟，属于绸缣练的有缜、绎、练，属于丝绸染色的有绿、绯、缥、綪、絑、纁、绌、绛、缙、綪、缇、縓、紫、红、繻、绀、纶、缁等。《说文解字》是根据织物组织、色彩花纹和加工工艺来解释这些字所包含的意义，如纨为素缯（不带花纹），绮为文缯（有花纹的），缣为并丝缯，缲为绎茧为丝（以缲治时抽丝），绎为抽丝（同上），练为绎缯（练绸，练丝也叫练，这里只提到这个字的一部分含义），绿为帛青黄、青黄配合而得的色，绯为帛赤（深红）色，绀为帛深青扬赤（深蓝而发光的）色等。另外，见于其他的书中代表其品种的字还有很多，这里就不多举了，而仅此，即已可窥其一斑了。

汉代丝织业的盛况及织造水平，在1972年发掘的长沙马王堆一号汉墓出土文物中得到了充分展示。马王堆一共分三个墓葬，是西汉初年（公元前2世纪），封号为軑侯，名叫利仓的一家人墓地。一号是利苍夫人的墓，二号是利仓本人的墓，三号是利苍一个儿子的墓。这三个墓出土纺织品品种之多，数量之大，保存之完好，在考古发掘中是十分罕见的。其中一号墓出土纺织制品100多件，有丝织服装、鞋袜、手套等一系列服饰，整幅的或已裁开不成幅的丝绸以及一些杂用丝织物，计有素绢绵袍、绣花绢绵袍、朱红罗绮绵袍、泥金彩地纱丝绵袍、黄地素绿绣花袍、红姜纹罗绣花袍、素绫罗袍、泥银黄地纱袍、绛绢裙、素绢裙、京绢袜、素罗于套、丝鞋、丝头中、锦绣枕、绣花香囊、彩绘纱带、素绢包袱等多种。这些丝织物品种有纱、绢、罗、锦、绮、绣等，织物纹样有云气纹、鸟兽纹、文字图案、菱形几何纹、人物狩猎纹等，包括了我们目前了解的汉代丝织品的绝大部分。

尤其需要提到的是在马王堆汉墓出土的众多纺织品中，有几件特别令人赞叹的织品。一是纱织品：有一件素纱蝉衣，衣长128厘米，两袖通长180厘米，重量只有49克，尚不足今秤一市两（图4）。据南京云锦研究所科技人员分析，该衣是由超细蚕丝织就，千米长丝仅重1克，每平方米衣料仅重12克，其牢度却与

图4　长沙马王堆一号汉墓出土的素纱蝉衣

军用降落伞不相上下；另有一件是呈方孔的纱料，料幅宽49厘米，长45厘米，重量仅2.8克。这两件纱织品，纱孔方正均匀，薄而透明，给人以轻如云烟，举之若无的感觉。二是起绒锦：这种锦外观华丽，花纹由大小不等的绒圈组成，花型层次分明，显浮雕状的立体效果。三是帛画和帛书：有一幅覆盖在内棺上的彩绘帛画，画幅全长205厘米，上部宽92厘米，下部宽47.7厘米，四角缀有旌幡飘带，画面想象丰富，写景生动，色彩绚丽，线条流畅，描绘精细，可以说是精品中的极品。帛书有20多种，总字数12万多字，大部分是已失传的古籍。四是汉瑟弦线：弦线直径最细的仅0.5毫米，最粗的为1.9毫米，如此纤细却加工得非常均匀，令人拍案惊叹。这些丝绸精品充分说明汉代丝织技术已达到相当高的水平。

(三) 唐、宋时期的丝绸生产

唐宋两代的丝织生产十分兴盛。唐代前半期的丝绸生产，以长江以北的中原地区和华北地区为主，自安史之乱后，特别是晚唐以后，中国陷于分裂状态，南方较之北方相对安定，经济破坏少，兼之大量人口南迁，长江以南尤其是华东沿海地区的纺织业的发展则较北方更快，纺织生产能力逐渐超越北方，所以我们现在一提起中国的丝绸，自然便会想到江苏和浙江沿海数省。唐宋的丝绸产地皆载于《新唐书·地理志》、《宋史·地理志》以及其他的一些典籍里，从这些书所载来看，唐宋的丝绸产地几乎已遍及当时全国的各个地区。

唐代政府下属的官办纺织手工业的生产组织方式基本承袭前代，但规模却大大扩展，分工也越来越细。不仅在长安设置织染署、内八作和掖庭局，在许多州还另设有官锦坊，专门为宫廷织制高级丝绸。这些官办机构以织染署的规模最大，织染署下面分设25个"作"，其中有10个"作"专司织造，分别从事绢、纱、絁、罗、绫、绮、锦、布、褐的生产；有5个"作"专司织带，分别制造组、绶、绦、绳、缨；有4个"作"专司纺制紃线，分别生产紃、线、弦、网；有6个"作"专司练染，分别负责染青、绛、黄、白、皂、紫6种基调的色彩。在25个"作"中，除布"作"和褐"作"外，几乎均直接或间接与治丝和织绸生产有关。各"作"里的从业人数各时期不定，但都比较多，史载唐武则天时，织染署有织工365人，内八作使有绫匠83人，掖庭局有绫匠150人；唐玄宗时，册封杨玉环为贵妃，贵妃院中有700名织工为她织绣服饰。而诸州官锦坊人数则难以统计。

唐代民间手工作坊数量随着城市繁荣和商品流通的扩大，也不断增多，有的私营纺织作坊规模也相当巨大。据唐代人写的《朝野佥载》说：其时"定州（今河北定县）何明远大富"，"赀财巨万，家有绫机五百张"。意思是说那个作坊竟有可供操作的绫织机500台。如果每台需用一名织工再加上缲、络、染等辅助工2～3人，则500台至少得用1000至1500人。它的大小竟和现在的小纺织厂差不多。何明远如是，其他的作坊，估计有的可能也与之相似。

唐代农村的家庭纺织生产特别普遍，这与当时的统治者曾推行过的一项重要制度："授田"和"租庸调制"有关系。唐自高祖武德七年（616）起便规定：每"丁及男（十八岁以上）皆给永业田二十亩，口分田八十亩"，要求"每丁岁入'租'粟二斛稻三斛，'调'则随乡土所产，岁出绢二匹，绫绝二丈，如果输布则按丝织加1/5，输绫绢绝者兼调绵三两，输布者兼调麻三斤"，此外，"凡丁，岁役三旬，如遇闰年，则加二日，若不服役则收其庸，每日折纳绢三尺"。这项制度虽然是带有一定的强制性的，但它也引导农民家家户户种桑织绸，并为之成为农户日常必需的一项生产劳动创造了条件，促使当时纺织业的发展大大加快了前进的步伐。所以到了天宝年间，岁收的庸调最多时竟达绢

740万匹，丝180余万屯（当时一屯等于六两），布1 035万余端。当时有一句诗形容官府仓库"缯帛如山积，丝絮似云屯"，看来是非常贴切的。如果再加上农户自用的和直接流入市场的，其数量自然就更大了（后二者的数量，肯定远高于前者，可惜已无从考证，无法统计了）。

唐代的绢帛，除作为实用品外，还作为实物货币被广泛使用。这是因为丝绸既具有实用价值又具有交换价值，在政局动荡和通货膨胀时，更易显示它存在的意义，所以早在唐以前就有人用它代替实物货币使用，等到唐代遂更加普遍了。开元二十年（732）唐王朝曾颁布一道法令说："绫罗绢布杂货等，交易皆合通用。如闻市肆必须用钱，深非道理，自今以后，与钱货兼用，违者准法罪之。"大意是绫罗绢布都可作为交换的媒介，如果只用钱币做交换的手段是不合理的。自今以后，以之与货币同样使用，不服从者将被作为犯法治罪。两年后（734）又颁布一道诏书说，凡上市物品，均需先用绢布绫罗丝绵交易，若市价1 000以上，可钱物并用，违者科罪。这两道诏令就是丝绸在唐代曾经作为货币使用的具体实例。据此也可看出丝绸在当时社会经济中所占的地位是何等重要了。

唐代丝绸比之汉代，在工艺、品种和纹样上都有新的发展和创新。以锦为例，从文献和出土实物看，锦的品种繁多。有以织作方法和纹样命名的，如透背锦、瑞花锦、大襕锦、瑞锦等；有以产地命名的，如蜀锦；更有以用途命名的，如袍锦、被锦等。从组织上分析，唐代的锦分经锦和纬锦两类。经锦是唐以前的传统织法，蜀锦即其著名品种之一，是采用二层或三层经线夹纬的织法。唐初在以前的基础上，又出现了结合斜纹变化，使用二层或三层经线，提二枚、压一枚的夹纬新织法。以多彩多色纬线起花，比之经锦能织制出图形和色彩都大为繁复的花纹。新疆吐鲁番出土的云头锦鞋（图5），其工艺即是采用这种经锦新织法，用宝蓝、桔黄等色在白地上起花的。夹纬始创于

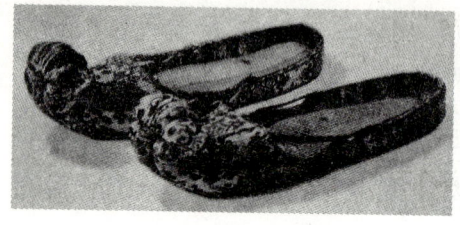

图5　唐代云头锦鞋

何时，现在还不十分清楚，但在唐代确已逐渐流行和普及。如果以唐代作为时代的分界，织锦技术可划分为两个阶段，唐以前是经锦为主，纬锦为辅，唐以后以纬锦为主，经锦为辅。可见纬锦的出现是唐代织锦技术上的一次非常重要的进步。

现在出土和保存下来的唐代织锦实物较多，如新疆塔里木盆地和吐鲁番等地区都出土过大量唐代织锦。塔里木出土有双鱼纹锦、云纹锦、花纹锦、波纹锦；吐鲁番出土有几何瑞花锦、兽头纹锦、菱形锦、对鸟纹锦、大团花纹锦等10多种。此外，日本正仓院保存了我国唐代一些织锦，计有莲花大纹锦、狮子花纹锦、花鸟纹锦、双凤纹锦、狩猎纹锦等10多种。现存这些唐代织锦实物，向我们展示了唐代集豪迈与秀美为一体，令人赞叹的织锦风采，它们虽不能反映唐代织锦的全貌，但仍然可以从中看出唐代织锦

的特色及所达到的高水平。

宋代的官营丝绸生产组织形式与唐代相似，但规模远胜唐代。其时的官营丝绸生产作坊遍及全国主要丝绸产地，据《宋史》载：供朝廷所需丝绸之物的织造场院，除在京设置有绫锦院、内染院、文绣院外，全国各地有几十处之多，如杭州、苏州、成都的锦院，开封的绫院，润州的织罗局，梓州的绫绮场等。这些外地场院一般都是以一二个织品作为主要生产品种，如亳州场院主织纱，大名府场院主织绉、縠，青、齐、郓、濮、淄、潍、沂、密、登、莱、衡、永、泉州场院主织平䌷，而成都有些场院，则由监官专管织造西北和西南少数民族喜爱的各式花锦，作为兄弟民族间贸易交流的物资。这些官办丝绸场院规模均相当大，如绫锦院在瑞拱元年（988）有400多张绫锦织机，1 034名匠人。淳熙十四年（1187）文思院年织绫1 100匹，用丝35 000余两。元丰六年（1083）成都锦院有117间场房，154台织机，共用工人449人，共用挽综工164人、织工154人、染匠21人、纺绎工110人，每年用丝115 000两、染料211 000斤，生产锦1 500匹。

宋代民间丝绸生产更是空前发达，史载杭州街巷"竹窗轧轧，寒丝手拔，春风一夜，百花尽发"，成都百姓，"连甍比室，运针弄杼，燃膏继昼，幼艾竭作，以供四方之服"。这时还出现了完全脱离农业生产，专门从事纺织生产的家庭作坊——机户。机户不同于富户豪门经营的作坊，仅依赖家庭成员不雇佣或很少雇佣工匠。其经营方式是官府提供原料，织造出的产品则由官府统一收购。仁宗景祐年间（995~1063）梓州有机户数千家，专门生产用于上供宫廷的绫绢。上述这几则资料，虽只是反映一时一地的情况，但从中我们不难想象出当时整个丝织业生产的繁荣程度。

宋代丝绸产量之巨，也反映在每年输往辽国、金国的数量上。由于宋王朝军事力量较弱，在与当时中国北方少数民族建立的辽、金政权的几次战争中均处于下风。宋王朝为求得安定，每年都要将丝织物输送给辽、金作为军事赔偿，先是向辽，后是向金。据史载，宋真宗景德元年（1004），辽国契丹军大举南下直攻到黄河北岸的澶州城下，宋真宗为了求和，订立了屈辱的"澶州之盟"，答应每年给辽国银10万两、绢20万匹，不久又增加为银20万两、绢30万匹。这之后，软弱的宋王朝为乞求苟安，答应提供给对方的数量越来越多。公元1126年，金军围攻汴京，宋钦宗除割地赔银外，一次就输往金国丝绸百万匹。公元1141年南宋与金议和，又向金发贡银25万两、绢25万匹。公元1208年南宋与金再次议和，议定宋增岁银为30万两、绢30万匹。此外，每年为补充战争所需的马匹都要用丝绸作为马价，以及按品级赏赐各级官员的丝绸织品，数量也比较大，同样也要耗费丝绸数十万匹。

宋朝廷收集的丝绸，一部分来自租税，一部分来自"和买"。朝廷每年征收夏秋两税，夏税以丝绸、布匹为主；秋税以粮为主。另外，还规定男子从20岁到60岁要交"身丁税"。因为丝绸是农家的主要经济来源，所以"身丁税"也都以绢交纳。"和买"的丝绸，是政府每年以购买的名义向民间征集的一部分丝织品。初时付钱，但多较市价为低。后来，则只索绢而不付钱，实际上是一种附加税。

自宋代起，南方丝织产量全面超过北方，完成了自唐代起丝织生产由北逐渐南移的过程。

宋代全国分为二十四路。据统计，北宋时期，包括京东东路、京东西路、河北东路、河北西路、河东路等的黄河流域产区，丝织品生产总量约占全国生产总量的25%，其中各类丝织品的平均产量，则占30%强。包括淮南东路、淮南西路、两浙路、江南东路、江南西路、荆湖北路、荆湖南路等的长江流域产区，丝织品生产总量占全国生产总量的50%以上，其中仅两浙路所产就稍高于黄河流域。而以成都府路、梓州路为主的四川产区，丝织品生产总量占全国生产总量的1/4以下。这些数据表明，在北宋时南方的蚕桑生产就已超越北方，但这种超越只是数量上的超越，在工艺技术方面似乎北方仍然保持着一定优势。因为北方的锦、绮、鹿胎、透背等高级丝织品和杂色染帛的产量占全国生产总量的70%左右，远远高于其他产区，而长江中下游地区的丝绸总产量尽管已是北方的2倍多，但所产多为罗、绢、䌷、纱、縠等中低档丝织品，说明此时南方蚕桑丝绸生产正处于高速发展期。南宋时期，尽管全国丝绸总产量由于战乱和棉花的兴起而呈大幅下降趋势，但长江中下游流域的丝绸产量所占比重却更显突出。北宋时其产量只是四川地区的3倍多，南宋时飙升到14倍多；各类丝织品中，除锦、绮、绫外，罗、绢、紬、丝绵等长江中下游流域的产量，在南宋时已是四川地区的几十倍，甚至近百倍。相对安定的四川地区，蚕桑生产差距尚且被大幅度拉大，战乱中的北方地区亦然。这些数据表明中国蚕桑生产从黄河流域向长江以南广大地区长达几个世纪的转移，在南宋时期终于结束，并奠定了明清以至现代江苏和浙江两地丝绸兴盛的不可动摇的格局。

（四）元、明、清时期的丝绸生产

这期间的丝织技术是我国古代丝织技术达到最高水平的时期。我国古代的丝织生产方式有两种：一是属于官办性质的丝织手工业；二是民间丝织手工业。官办丝织业资金充足，并且集聚了大批高水平的技术工人，因而能织造各种极为华贵精美的高档丝织物。人们常常提到的元代大都织染局、成都绫锦局；明代"两京局"（分设北京和南京的内织染局）、"南京礼帛堂"、"苏州织染局"、"杭州织染局"；清代的"江宁织染局"、"苏州织造局"、"杭州织造局"，都属于这一类的织作机构。民间丝织业受资金和技术的限制，一般多织制低档的丝织物，不过在一些纺织生产较发达的地区，尤其是江浙一带的民间丝织业，也能织造出大量高技术含量的丝织产品。

这一时期从事丝织业的人数，在历史上可以说是最多的。据记载：元代的大都织染局"管人匠六千有三户"（每户有工匠一名，计工匠 6 003 人，下同）。宁国路织染局"签拨人匠八百六十二户"（计工匠862人）。绫锦局"总二百八十一户"（计工匠281余人）。苏州织造局有"织金绮纹工三百余户"（计工匠300余人）。仅这四处就有丝织工匠 7 446 人（此以一户一匠应差计算，实际上还要多得多。当时工匠均为世业，皆父子传承，一户绝不止于一匠，除应差者，应还有不应差的匠人）。明代南京司礼监礼帛堂有"食粮人匠一千二百余名"，南京内织染局有"军民人匠三千余名"，苏州织造局有"各色人匠计六百六十七名"，北京内织染局有"掌印太监一员，总理签书等数十员"（管理人员有这么多，工匠当然会更多的）。仅这四处加起来，至少也有五六千人。清代的北京内织染局有"匠役八百二十五名"（康熙末年），江宁织造局有"匠役二千五百四十七名"（乾隆时），杭州织造局有"匠役二千三百三十名"。至于民间织造作坊中的工匠和个体从业者，就更加庞大了。据有关记载说：明代苏州的居民大半"以丝织为业，机声轧轧，子夜不休"，尤其在这个城市的东半部"郡城之东，皆习机业"，"家杼柚而户纂组"；吴江盛泽镇"居民稠广"，"俱以蚕桑为业。男女勤谨，络纬机杼之声，通宵彻夜"。嘉兴濮院镇"万家灯火，民多织绸为业"；山西潞安"其登机鸣杼者奚啻数千家"。清代乾隆、嘉庆时江宁"通城（仅）缎机（便有）三万计，纱绸绒绫（之机）尚不在此数"；苏州"在东城，比户皆织，不啻万家"；杭州则"东城机杼之声，比户相闻"。所有这些，现在读来仍不难想象其时的盛况。

这时期商品经济进一步发展，丝绸贸易日臻活跃，出现了大量丝绸牙行和丝绸牙人中间商。据记载，当时苏州丝绸充斥于市，招致各方商贾蜂拥而至，甚至连远在西南偏僻地区的商人，也不顾道路艰险，来到苏杭购买丝绸新品种，然后回去贩卖。丝绸贸易的场面，在明代话本小说中经常出现，如冯梦龙小说集《醒世恒言》中《施润泽滩阙遇友》一篇，就是讲自明朝至今一直盛产丝绸的江苏省吴江县盛泽镇上的施复夫妇经营丝绸发家的故事。虽然是小说，人物情节不无虚构，但所述的社会经济情况，确实是以当时当地的丝织生产实际作背景的：

嘉靖年间（1522～1566），这盛泽镇上有一人，姓施名复……家中开一张织机，每年养几筐蚕儿，妻络夫织，甚好过活。这镇上都是温饱之家，织下绸匹，必积之十来匹，最少也有五六匹，方才上市，那大户人家织得多便不上市，都是牙行引客商上门来买。那施复是个小户儿，本钱少，织得三四匹，便去市上出脱。……施复每年养蚕，大有利息，渐渐活动。……那施复一来蚕种拣得好……凡养的蚕，并无一个绵茧，缲下丝束，细圆匀紧，洁净光莹……织出的绸拿上市去，人看时光泽润滑，都增价竞买，比往常每匹平添了许多银子。因有这些顺溜，几年间就增上三四张绸机。……（有一年）蚕丝利息比别年更多几倍……夫妇依旧省吃俭用，昼夜经营，不上十年，就长有数千金家事，又买了左近一所大房屋居住，开起三四十张绸机。

书中还有一段是对该镇丝绸交易盛况的描写：

那市上两岸绸丝牙行，约有千百余家，远近村坊织成绸匹，俱到此上市。四方商贾来收买的，蜂攒蚁集，挨挤不开，路途无伫足之隙。乃出产锦绣之乡，积聚绫罗之地。江南养蚕所在最多，唯此镇最盛。

小说一方面生动地反映了南方城镇丝织交易的繁荣景象，另一方面也说明当时丝绸生产日益商品化，刺激了丝织生产技术的改进和提高，丝织业生产者不但能解决温饱，勤俭且有独到技术者还可靠它发家致富。

元、明、清时期的丝绸产量，没有完整的统计，但仍不难窥测出来。据《元史·食货志》记载：中统四年（1263）计课丝712 171斤，至元二年（1265）计课丝986 912斤；至元三年计课丝1 053 226斤，至元四年计课丝1 096 489斤；天历元年（1328）计课丝1 098 843斤，绢350 530匹，绵72 015斤。所课之丝均在70万至100万斤左右。我们知道，元代时织绢所用的丝料大都是一匹绢用一斤或稍多一点的丝，只这些课丝，即可织70至100多万匹绢，若再加所课之绢，其年产量当都在200万匹左右。另据有关记载：明代永乐年间（1404~1424）每年征集的绢、布（麻布），平均为938 426匹，最多的是永乐十一年（1413），竟达1 878 828匹，如折半计算（去掉布），其所征之绢亦在50万匹至90万匹之间，也相当可观了。从数字上看，虽不及唐、宋，但这主要是因为我国自宋代起各个地方都大力发展棉织，一般的人也趋于穿棉布，否则肯定会远远超过这个数目的。

这时期绫、罗、绸、缎、纱、锦等各大类品种的纹样花型、产品质量和风格在继承前代的基础上，又有了新的发展，并分化出许多有地方特色的名优产品。例如，缎有：广东粤缎、苏州的幕本缎、云南的滇缎、贵州的遵义缎、杭州的杭缎等；纱有：杭州的皓纱、泉州的索纱、花纱和金线纱，广东的粤纱和莨纱等；绸有：广东的莨绸、嘉兴的濮绸、苏州的绉绸和绵绸、山西的潞绸等；绫有：吴江的吴绫、桐乡的花绫、素绫、锦绫等；罗有：杭州的杭罗，泉州的硬罗和软罗，苏州的秋罗、刀罗等；锦有：南京的云锦、苏州的宋锦、四川的蜀锦等。

三　缫丝、练丝和练帛

缫丝和练丝是丝绸生产中最重要的两道工序。前者的质量高低对丝绸的织造影响较大，后者的好坏对织物的风格和色染影响较大。

（一）缫丝

蚕丝的主要成分是丝素和丝胶。丝素是近于透明的纤维，即茧丝的主体，丝胶则是包裹在丝素外表的黏性物质。丝素不溶于水，丝胶易溶于水，而且温度越高，溶解度越大。利用丝素和丝胶的这一差异，以分解蚕茧，抽引蚕丝的过程被称为缫丝。

中国缫丝的历史是与丝织历史同样长久的。最初大概是在某种偶然的情况下，发现蚕茧可以在水中舒解，并试探出分离的丝缕是可以织作的，再后来逐渐摸索出水煮蚕茧抽引出蚕丝的技术。根据前文提到的浙江钱山漾出土的4000年前的绢片看，其丝条之粗细，均比较一致，说明当时已能初步控制水温和沸煮的时间，而且抽丝的手法，也较为熟练，表明在新石器时代晚期，缫丝已具有一定的技术水准了。

缫丝是一种说来简单，实际却相当繁复的工艺过程，它基本上包括三道工序：（1）选茧和剥茧。（2）煮茧。（3）缫取。

选茧是将烂茧、霉茧、残茧等不好的茧剔除，并按照茧形、茧色等不同类型分茧。

剥茧是将蚕茧外层表面不适于织作的松乱茧衣剥掉。

选茧和剥茧是保证缫丝质量必不可少的一道工序。

煮茧的作用是使丝胶软化，蚕丝易于解析。煮茧的关键首先是控制煮茧的水温和浸煮时间。如温度和浸煮时间不够，丝胶溶解差，丝的表面张力大，抽丝困难，丝缕易断。反之温度过高，丝胶溶解过多，茧丝之间缺乏丝胶黏合，抱合力差，丝条疲软。另外，若前后温度差异较大，丝胶溶解不均，则必然使丝条不匀，产生类节。其次是必须控制换水的次数。蚕茧舒解后，大量丝胶溶化在水中，如不注意换水，水中丝胶含量就会越来越高，缫出的丝亮而不白。可是如换水过勤，水中的丝胶量少，不仅缫出的丝白而不亮，还会影响缫丝效率。缫取的第一项工作是索绪，古人也叫提绪，即搅动丝盆，使丝绪浮在水中，用木箸或多毛齿的植物小茎将丝盆中散开的丝头挑起引出长丝；其次是理绪，将丝盆中引出的丝摘掉囊头（粗丝头），几根合为一缕；最后是将整理好的丝绪通过钱眼和丝钩络上丝车。

中国历来十分重视影响缫丝质量的问题，有关记载也比较多。早在战国时期时就有关于"择茧"、"索绪"方面的记述，秦汉两代又出现了关于"涫（滚）水"、"沸汤"煮茧以及有关水温对于缫丝，特别是丝条质量影响的许多描述，说明当时在这方面已积累了相当系统、完整的经验。到了唐宋两代更有人对此做出了不少明确的总结。见于唐人著作的，首推白居易的诗："择茧缫丝清水煮"，既提出了选茧的问题，也提出了水中丝胶浓度的问题，短短的七个字竟准确地概括了缫丝工艺的全部关键。见于宋元著作的是秦观的《蚕书》和其他农书。最为大家熟悉的是王祯《农书》中的："蚕家热釜趋缫忙，火候长存蟹眼汤。"主要谈的是水温，言其不可不热，也不可太热，以在将达沸点为宜，所谓"蟹眼"就是这个意思，即俗话所说的"小开"。这些经验直到今天仍为人们所沿用。

我国幅员辽阔，气候差异很大，大江南北的缫法略有不同。北方地区一直沿用把茧锅直接放在灶上，随煮随抽丝的"热釜"操法。大约自宋代起南方发明了一种将煮茧和抽丝分开的"冷盆"缫法。这种方法是将茧放在热水锅中沸煮几分钟后，移入放在热锅旁边的水温较低的"冷盆"中，再进行抽丝，从而避免了"热釜"法因抽丝不及，茧锅水温过高，茧煮得过熟，损坏丝质的缺陷，使缫出的丝缕外面还有少量丝胶包裹。此法缫出的丝，一经干燥，丝条均匀，坚韧有力，因而宋以后历代江南一带所缫的生丝质量，都特别地好。

为了使缫出的丝能立即干燥，明代开始采用在缫丝框下放置炭火烘干的办法，生丝随缫随烘，使缫出之丝脱离丝盆后，绕到軠上前便可干燥，既避免了缫取后丝缕彼此粘连，又可保证丝质白净柔软。宋应星在《天工开物》里将这种治丝经验总结为"出水干"，即在"治丝登车时，用炭火四五两，盆盛，去车五寸许，（軠轮）运转如风时，转转火意照干"，是曰："出水干"，"若晴光又风色，则不用火"。现代缫丝车上所设蒸气烘丝装置的作用与宋应星介绍的相同。

（二）练丝和练帛

丝在形成过程中，不可避免地要伴生丝胶和混入一些杂质，这些丝胶和杂质虽然可以在缫丝时去除一部分，但是仍然会有少量黏附在丝素上。由于它们的存在使生丝或坯绸显得粗糙、僵硬。所谓练丝帛，就是指进一步地去除其上的丝胶和杂质，使生丝或坯绸更加白净，以利于染色和充分体现丝纤维特有的光泽、柔软滑溜的手感以及优美的悬垂感。练丝帛技术水平的高低，直接影响丝绸质量的好坏。历来习惯把已练的丝叫"熟丝",未练的丝叫"生丝",以示差别。"熟"、"生"含有精粗之义,"熟"犹精制,"生"犹粗制。

我国练丝帛的历史很早,瑞典纺织史专家西尔凡女士在研究了远东博物馆保存的我国殷代青铜器上丝绸残片后说:"毫无疑问,中国人对丝的处理早在殷代就达到了很高的标准了。"

我国古代练丝帛的方法有许多种,常用的有三种:

一是草木灰浸泡兼日晒法。这种方法的最早记载,见成书于战国时期的《考工记》。其法是把业已缫制的生丝放进楝木灰与蜃灰的温水中浸泡,然后取出在日光下暴晒。晒干后,再浸再晒。这样连续数日,一面利用水温和水中碱性物质(楝木灰、蜃灰)继续脱掉丝上多余的丝胶和杂质;一面利用日光紫外线起漂白作用,使丝产生出其独特的光泽和柔软的手感。这种练丝工艺,沿用的时间最长,历代均曾采用,直到现代,大部分丝的精练也还是用碱性药剂。

二是猪胰煮练法。猪胰即猪的胰脏,含大量的蛋白酶。丝胶对蛋白酶具有不稳定性,易被酶分解,而蛋白酶水解后的激化能力较低,专一性强,一般在室温条件下就能使蚕丝达到较高脱胶率,且不损伤纤维。这种方法可结合草木灰浸泡同时使用。最早记载虽见于唐代人的著作(陈藏器《本草拾遗》,已佚),但比较简略,较详细的记述见成书于明代的《多能鄙事》和《天工开物》。其法是先以猪的胰脏掺和碎丝线捣烂作团，悬于不受阳光直接暴晒的阴凉处阴干和发酵。用时，切片溶于含草木灰的沸水中，将待练的丝投于其中，沸煮。这是一种碱练、酶练结合的脱胶工艺，碱练是为了加快脱胶速度，提高脱胶效率，而酶练又具有减弱碱对丝素的影响，使脱胶均匀，增加丝的光泽等作用。

三是木杵捶打法。这种方法也是结合草木灰浸泡法同时使用的。先以草木灰汁浸渍生丝，再以木杵捶打。生丝经过灰汁浸泡，再以木杵打击时，不仅易于使其上丝胶脱落，且可在一定程度上防上丝束紊乱，而成丝的质量也优于单纯的灰水练，能促使丝的外观显现明显的光泽。捶捣原理与现代制丝手工艺中"掼经"（又名"甓丝光"）相同。

宋以前，捣练方式采用站立执杵。美国波士顿博物馆现存一幅宋徽宗赵佶临摹的唐人张萱《捣练图》画卷。画中有一长方形石砧，上面放着用细绳捆扎的坯绸，旁边有四个妇女，其中有两个妇女手持木杵，正在捣练，另外两个妇女作辅助状。木杵几乎和人同高，呈细腰形。形象逼真地再现了唐代妇女捣练丝帛的情景以及捣练时所用工具的形制（图6）。

图6 唐·张萱《捣练图》

宋以后，捣练方式逐渐有了改变，由站立执杵改为对坐双杵。从王祯《农书》记载来看，为便于双手握杵，杵长大大缩短，且一头粗，一头细，操作时双手各握一杵。这样，既减少了劳动强度，又提高了捣练效率。

使用上述各类方法，都能得到蚕丝精练的效果，而尤以第二种为佳。利用碱性物质练丝，能加速和较多地去除丝胶，但若用量过大，则可能损伤丝素。利用胰酶脱胶，可以得到相同的效果，而又不致使丝素受损，是较理想的方法。我国是世界上最早利用胰酶练丝的国家，西方国家直到1931年才开始利用胰酵练制丝织物，比中国至少晚了一千二三百年。我国的这项发明在世界古代科学史上也是一件十分重要的发明。

四　古代主要的丝绸品种

丝织物种类很多，由于织造工艺不同，每个种类各有不同的结构和特点。古代丝织物中具有代表性的几大种类有纱、绮、绢、锦、罗、绸、缎等十多类，而每一大类中又有许多品种。

（一）纱

纱是最早出现的丝织物品种之一。古代的纱根据其本身组织可分为两种：一种是表面有均匀分布的方孔，经纬密度很小的平纹薄形丝织物，唐以前叫方孔纱。一种是和罗同属于纱罗组织，以两根经线为一组（一地经，一绞经）起绞而成的密度较小的织物。纱在南北时都是素织，后来花织逐渐增多，宋以后益为繁盛。由于纱薄而疏，透气性好，古时应用较广，是各个时期夏服的流行用料。纱织物的名贵品种很多，如轻容纱、吴纱、三法纱、暗花纱等。宋代亳州所出轻容纱，在全国最为有名，陆游在《老学庵笔记》中形容它"举之若无，裁以为衣，真着烟雾"。马王堆一号汉墓曾出土过一件表长128厘米，通袖长190厘米，重49克，用极细长丝织成的平纹素纱蝉衣。此件薄若蝉翼的纱衣，可叠成普通邮票大小，其织作之精细，令人惊叹，是古代纱织物中的珍品。

（二）罗

罗是质地轻薄，经纱互相绞缠后呈网状孔的丝织物。商代出土的罗织物残片，证明中国在3000年前已开始生产罗。秦汉以后，罗织物日臻精美，成为流行织物。长沙马王堆出土的绫纹花罗，织造方法极为复杂，反映了汉代罗织物织造技术的水平。唐代罗多为花罗，如贡品中的单丝罗、瓜子罗、孔雀罗、宝花罗等。花罗制成的头巾还流行一时，唐元稹《赠刘采春》诗"新妆巧样画双蛾，漫裹常州透额罗"，所云的透额罗就是遮盖妇女发际前额的罗织物。唐代花罗精品多有出土，如新疆吐鲁番阿斯塔那墓出土的唐代白地绿花罗。到了宋代，罗织物更是盛极一时，需求量大增。仅仅是润州官方设置的"纱罗务",每年生产的贡罗就达 10 万匹以上。此外,成都的大花罗,蜀州的春罗、单丝罗,婺州的暗花罗、含春罗、红边贡罗和东阳花罗,越州的越罗,都精美异常,在全国享有盛名。及至元明时期,随着织物加金技术的盛行,花罗愈加华丽,罗织物的组织结构较为奇特。它不是靠互相平行的经纱,通过经纬交织来形成组织;而是靠互不平行的地经和绞经,有规律地绞转后与纬线交织在一起,形成网纹状组织和外观。从织物表面看也没有纵横的条纹。古代的罗织物分为四经绞罗(图7)和二经绞罗(图8)两大类,前者多半用四根经线为一组织造,没有筘路。后者多半用二根经线为一组织造,显现筘路(详见罗织机)。由于通体扭绞的罗织造时不用筘,工艺较复杂,产量也较低,元以后逐渐消失。不通体扭绞的罗却因织作方法比较简便,生产效率较高,售价便宜,在明清时期大为流行。

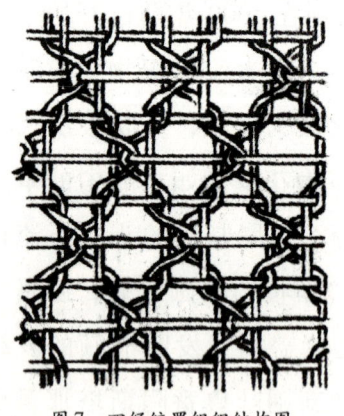

图 7　四经绞罗组织结构图

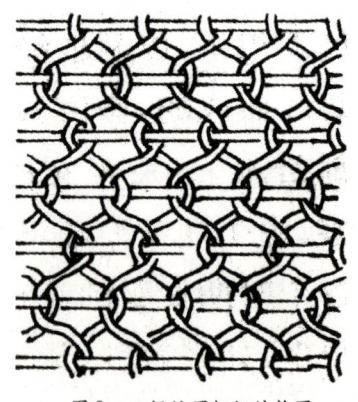

图 8　二经绞罗组织结构图

（三）缎

缎是指地纹全部或大部采用缎纹组织的丝织物。缎纹组织是在斜纹组织的基础上发展起来的，它的组织特点是相邻两根经纱或纬纱上的单独组织点均匀分布，且不相连续。因单独组织点常被相邻经纱或纬纱的浮长线所遮盖，所以织物表面平滑匀整，富有光泽，花纹具有较强的立体感，最适宜织造复杂颜色的纹样。缎纹组织的这些特点与多彩的织锦技术相结合，成为丝织品中最华丽的"锦缎"。宋朝张元晏对一件缎制服装有过生动描述："雀鸟纹价重，龟甲画样新，纤华不让于齐纨，轻楚能均于鲁缟，掩新蒲之秀色，夺寒兔之秋毫。"很能反映缎织物的特点和它的可贵之处。

根据出土文物来看，缎起源于唐代，唐以后发展成为和罗、锦、绫、纱等织物并列的丝织物大类。宋元以后，缎类织物日趋普及，不仅有五枚缎和各种变则缎纹，八枚缎也开始被大量应用。这时期的著名品种有透背缎、捻金番缎、销金彩缎、暗花缎、妆花缎、闪光缎等几十种。缎织物最初也叫纻丝，后来才改称为缎。北京明定陵出土的纻丝，就是做工、质地均极讲究的五枚缎丝织物。

（四）绮

绮是指平纹地起斜纹花的提花织物。绮的斜纹显花组织有两种：一种是由提花经丝浮线形成斜纹组织，另一种则是在原斜纹组织的两根经斜纹浮线之间隔一根平纹经线，即在花部组织上形成一根经斜纹组织点和另一根经平纹组织点的排列分布，也可以说是斜纹和平纹的混合组织（图9）。早期绮的纹样，据《释名·释采帛》记载："绮，欹也，其文欹不顺经纬之纵横也，有杯文形似杯也，有长命，其彩色相间，皆横终幅，此之谓也。"可见是呈杯纹，菱形纹、方纹等几何纹，如殷墟出土的菱形纹绮和回纹绮。"不顺经纬之纵横"表明花部的几何纹采用斜纹组织。汉以后，绮的纹样有了进一步发展，出现了对鸟花卉纹绮，鸟兽葡萄纹绮等。从晋到宋，还时有将绮作为官服的规定，如《晋令》记载："三品以下得服七彩绮，六品以下得服杯文绮。"

图9　绮组织结构图

（五）绫

绫是斜纹地起斜纹花的丝织物，是在绮的基础上发展起来的。初期的绫常和绮混称，从织物组织来看，两者有其相似之处，但又并非完全一样。相似的地方是织品表面都有斜纹花，质地都较轻薄，不同的是绮为经线显花织物，绫为纬线显花织物，绫比绮花、色变化多得多；再则绮织品表面显类似缎织物的纹路，而绫织品表面则多显山形斜纹或正反斜纹，因而古书《释名·释采帛》有"绫，凌也，其纹望之如冰凌之理也"的说法。冰凌的纹理与山形斜纹相似,富有光泽,以它来形容绫的风格特点极为贴切,故汉代以前也把绫叫做"冰"。汉代的绫织物已十分精美,是当时价格最昂贵的丝织品之一。三国时,由于马均改革简化了绫织机,绫织物的产量开始大幅度提高,织出的纹样也更加复杂。唐代是绫生产的高峰时期,统治者不仅在官营织染署中设有专门用来生产绫织物的"绫作",还规定不同等级的官员服装要用不同颜色、不同纹样的绫来制作。唐代的绫织物品种见于文献的有缭绫、独窠、双丝、熟线、鸟头、马眼、鱼口、蛇皮等名目,其中缭绫更是名噪一时,白居易《新乐府·缭绫篇》道出了这种绫的特异和可贵:"缭绫缭绫何所似,不似罗绡与纨绮。应似天台山上月明前,四十五尺瀑布泉。中有文章又奇绝,地铺白烟花簇雪。织者何人

图10 出土的唐绫纹样线描图

衣者谁,越溪寒女汉宫姬。去年中使宣口敕,天上取样人间织。织为云外秋雁行,染作江南春水色。广裁衫袖长制裙,金斗熨波刀剪纹。异彩奇文相隐映,转侧看花花不定……"可见缭绫不论其花、其地无不佳好,明艳亦远逾罗、纨、绡、绮,而且展视全匹,直如四十五尺之飞瀑自天倒挂而下,其上花纹之雅净,轮廓之分明,因人动转而

翩翩演映之异彩奇文,犹如雪簇烟拥。丝绸之路沿路有很多唐绫出土,日本的正仓院和东京国立博物馆收藏的珍品中也有唐绫。宋以后,绫除了用于服装外,开始大量用于书画、经卷的装裱(图10)。

(六)锦

锦是指用联合组织或复杂组织织造的重经或重纬的多彩提花性织物。锦字由"金"和"帛"组合而成,表明它是古代最贵重的织品。汉代刘熙在《释名》中说:"锦,金也。作之用功重,其价如金,故惟尊者得服之。"意思是说织锦工艺复杂,费工多,其价值相当于黄金,只有贵人才能穿。锦的出现,对纺织机械、织物组织甚至整体纺织技术的发展,影响极为深远。织锦技术的高低,可反映各朝代或各地区的纺织技术水平。

采用重经组织,以经线起花的叫经锦。采用重纬组织以纬线起花的叫纬锦。战国、西汉以前的锦均为经锦。这种锦是以两组或两组以上的经线和同一组纬线交织,经线多为二色或三色,一色一根作为一副(如颜色较多,也可使用牵色条的方法),纬线有交织纬和夹纬,夹纬把表经和里经分隔开,用织物正面经浮线显花。1959年新疆民丰尼雅遗址发现的东汉"万事如意锦"(图11)就是一

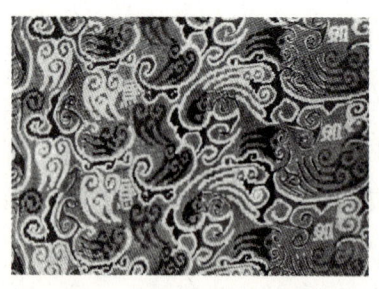

图11 东汉万事如意锦局部

种典型的经锦。南北朝以来，纬锦开始大量生产，逐渐取代了经锦。纬锦是用两组纬线或两组以上的纬线和同一组经线交织而成。经线有交织经和夹经，用织物的正面纬浮线显花。1967年新疆阿斯塔那发现的在大红色地上起各种禽鸟花卉和行云图案的唐代锦袜，就属于这一种纬锦。织造时，经锦只用一把梭子，纬锦用梭较多，但它不改变经线和提综程序，只改变纬线的颜色，就能织出花型相同颜色各异的图案，因此，可以说纬线显花是提花技术的一大进步。古代锦的品种繁多，不胜枚举，蜀锦、宋锦和云锦是最著名的三大名锦。

（七）云锦

云锦是南京生产的特色织锦，它始于元代，成熟于明代，发展于清代。云锦最初只在南京官办织造局中生产，其产品也仅用于宫廷的服饰或赏赐，并没有"云锦"这个名称。晚清后始有商品生产以来，行业中才根据其用料考究，花纹绚丽多彩，尤似天空云雾等特点，称其为"云锦"或"南京云锦"。云锦有别于其他织锦，它以纬线起花，大量采用金线勾边或金银线装饰花纹，以白色相间或色晕过渡，以纬管小梭挖花装彩。云锦结构严谨、风格庄重、色彩丰富多变，而且纹样变化概括性很强。纹样多用表示尊贵或祥瑞的禽兽（如龙凤、仙鹤、狮子等）、花卉（如宝相花、莲花、佛手、石榴、梅、兰、竹、菊等）以及表示吉祥的"八宝"、"暗八仙"、"吉祥"、"寿"字、"卍"字作为主体，用各式模仿自然界奇妙云势变化的云纹作陪衬。云纹有行云、流云、片云、团云、朵云、回合云、和合云、如意云等多种变化纹。正是这些模仿自然界奇妙的云势变化，又经过艺术加工的云纹，使云锦图案达到了繁而不乱、疏而不凋、层次分明、栩栩如生，突出主题的艺术效果。

云锦有妆花、库锦、库缎三大类著名传统产品。

妆花是云锦中织造工艺最为复杂的品种，也是云锦中最具代表性的产品。品种有"妆花缎"、"妆花罗"、"妆花纱"、"妆花锦"等。织物组织有"五枚缎"、"七枚缎"、"八枚缎"之分；花纹单位有"八则"、"四则"、"三则"、"二则"、"一则"之别。纹样造型多为通幅大型饰满花纹作四方连续排列，亦有通幅作为一单独纹样的大型妆花织物，如明清龙袍。其工艺特点是通过挖花盘织，即把各种颜色的彩绒纬管，根据纹样图案作局部的盘织妆彩。因是采用挖花盘织，彩纬配色非常自由，没有任何限制。为使织物上的纹饰呈现生动优美、富丽堂皇的艺术效果，一件妆花织物，花纹配色可多至二三十种颜色。

库锦是指用彩纬金线通梭织成的重组织锦缎。清代初期，因系御用贡品，织成后即送入内务府入"缎匹库"，故名库锦。品种有库金、二色金库锦、彩花库锦、金彩绒等。织物的地组织多为缎组织，但也可用纱、绸、绢为地。其工艺特点是无论选用什么组织结构、选用多少色彩纬，纬线都是通梭织造，而且织物背面有扣背间丝，以便将正面不显花的浮纬压织在织物中。

库缎是在缎底上起本色花纹或其他颜色的花纹，又名花缎或摹本缎，也因是清代御用贡品，织成后即入内务府的"缎匹库"而得名。品种有本色花库缎、地花两色库缎、妆金库缎、妆彩库缎等。因多用于服饰用料，除匹料外，还有根据衣服上的结构，把花纹排列在服饰前胸、后背、肩部、袖面、下摆等显要部位的织成料。织成料相对匹料生产相对容易些，在织造时需按位换花本，花本接成环形追章织造。通俗的说法就是前身正织，后身倒织。织后缝衣时花纹要对纹接章。明清云锦传世品较多，最著名的是明定陵出土的妆花龙袍。这件龙袍整体图案布局庄严，层次分明，气势磅礴。花纹是用真金线包边，龙身用孔雀羽捻线织出鳞纹，织物表面光泽效果类似于萤光。

（八）蜀锦

古代蜀地（今四川成都周围一带）所产织锦，因成都古称蜀，故名。史载蜀地产锦是战国以前，汉代名闻全国，扬雄《蜀都赋》赞曰："尔乃其人，自造其锦，紌緀緷须，縿缘庐中，发文扬彩，转代无穷。"按"紌"是用于被面装饰的锦；"緀"是锦带，"緷"是蜀锦的一个品种，"须"是锦制的鞋样，"縿"是旌旗上的锦直幅；"缘"是衣饰用锦。三国时诸葛亮从蜀国整体战略出发，把蜀锦生产作为统一战争的主要军费来源，并颁布法令说："今民贫国虚，决敌之资唯仰锦耳"，使蜀锦产量大增，并远销各地。成都当时还为工匠建立了锦官城，把作坊和工匠集中在一起管理。成都的别名"锦城"就是这样来的。而环绕成都的岷江，又名"锦江"，则是源于左思《蜀都赋》："伎巧之家，百室离房，机杼相和，贝锦斐成，濯色江波"。隋唐时期，蜀锦的织造技艺达到了新的高度，其时无论是花色品种，还是图案色彩都有新的发展，并以写实、生动的花鸟图案为主的装饰题材和装饰图案，形成绚丽而生动的时代风格。两宋以后，由于战乱，蜀锦工匠几次大量外流，蜀锦生产受到严重摧残，声势明显下降，但它的传统纹样和机织工艺，对全国织锦业影响巨大，如云锦和宋锦就是在吸收消化了蜀锦纹样和织制工艺的精华后，才逐渐声名鹊起，成为著名特色名锦的。

唐以前的蜀锦都是经锦，此后的蜀锦则主要以纬锦为主。

织造经锦采用的是多综多蹑纹织机，在四川成都地区流传至今的丁桥织机，就是这种类型的织机。利用丁桥织机可生产几十种花纹花边以及十几种花绫、花锦。生产时加挂综片和踏杆的数量，视品种花纹复杂程度而定。经锦有一个显著的特点，即花色和地组织都是双层结构的复式平纹或复式斜纹，依靠织物纵向彩条经线地颜色来显现花纹，呈"彩条"式图案。

织造纬锦采用的是花楼提花机。这种织机通长一丈八尺，经面长一丈二尺以上。用16片棕控制经线沉浮，前面的8片棕，用于管理织物显花部分的组织、起压花作用；后面的8片棕，用于织造地组织。蜀锦织机从多综多蹑机更新为花楼织机，由综片提花到花楼提花，是蜀锦织造技术上的一个重大转折和进步，它突破了经锦对图案和配色上的局限，使蜀锦有了更广阔的发展空间。

蜀锦以织物质地厚重，织纹精细匀实，图案取材广泛，纹样古雅，色彩绚烂，浓淡合宜，对比强烈，极具地方特色著称。其纹样多用龙、凤、福、禄、寿、喜、竹、梅、兰、菊等，色彩除了传统的大红外，还用水红、翠绿、杏黄、青、蓝等较为柔和的色调作底色，以对比强烈的色彩作花色。近现代蜀锦在继承传统的基础上又有了新的发展，生产的主要产品可分为八大类。其中最具特色的有：利用经线彩条宽窄的相对变化来表现特殊艺术效果的雨丝锦，利用经线彩条的深浅层次变化为特点的月华锦，在单底色上织出彩色方格，再配以各色图案的方方锦；根据落花流水荡起的涟漪而设计的浣花锦等多种。

（九）宋锦

一种用彩纬显花的纬锦，产于以苏州、杭州为中心的江南一带。由于其花纹图案主要继承唐和唐以前的传统纹样，故又被称为"仿古宋锦"。相传在宋高宗南渡后，为满足当时宫廷服装和书画装饰的需要，在苏州设立织造署而开始生产的，至南宋末年时已有紫鸾鹊锦、青楼台锦等40多个品种。宋朝廷文武百官还以宋锦为袍服，其纹样按职务高低各有定制，分为：翠毛、宜男、云雁、瑞草、狮子、练雀、宝照，共计7种。明清时期苏州宋锦生产最盛，其宫廷织造和民间丝织产销两旺，素有"东北半城，万户机声"之称。清康熙年间，有人从江苏泰兴季氏家购得宋代《淳化阁帖》十帙，揭取其上原裱宋代织锦22种，转售苏州机户摹取花样，并改进其工艺进行生产，苏州宋锦名声由此益盛。

根据织物结构、工艺、用料以及使用性能，宋锦通常分为重锦、细锦、匣锦和小锦四类，它们各有不同的风格和用途。

重锦是宋锦中最贵重的一种。它质地厚重精致，花色层次丰富。特点是多使用金银线，并采用多股丝线合股的长抛梭、短抛梭和局部抛梭的织造工艺。常用图案有植物花卉纹、龟背纹、盘绦纹、八宝纹等。产品主要用于各类陈设品。

细锦是宋锦中最具代表性的一种。它的风格、工艺与重锦大致相近，只是所用丝线较细，长梭重数较少。以前用全蚕丝制织，近代为降低成本，多采用蚕丝与人造丝交织。由于织物厚薄适中，被广泛用于服饰、高档书画及贵重礼品的装饰、装帧等。常用图案一般以几何纹为骨架，内填以花卉、八宝、八仙、八吉祥、瑞草等纹样。

匣锦是宋锦中的中低档产品。通常采用蚕丝与棉纱交织，工艺多采用一两把长抛梭再加一短抛梭。纹样多为小型几何填花纹或小型写实形花纹。由于经纬配置稀松，常于背面刮一层糊料使其挺括。用于一般的装裱和囊匣。

小锦是宋锦中派生出来的一种最轻薄的中低档产品，

系平素或小提花织物，通常以彩条熟经为经线，生丝为纬线。因质地薄，故适宜于裱装小件物品或制作锦盒。

宋锦色彩丰富，层次分明，不用强烈的对比色，而是以几种层次相近的颜色作渲晕。它的地纹色大多运用米黄、蓝灰、泥金、湖色等；主花的花蕊或图案的特征，用比较温和而鲜艳的特用色彩；花朵的包边或分隔两类色彩的小花纹则用协调而中和的间色。各种颜色的巧妙配合，形成宋锦庄严美观，晕渲相宜，繁而不乱，典雅和谐，古色古香的风格。

（十）织金锦

织金锦，元代亦称为"纳石失"，是一种把金线织入锦中而形成特殊光泽效果的丝织物。这种织物的组织，均为由金线、纹纬、地纬三组纬线组成的重纬组织，它的金线显花处的结构则为变化平纹或变化斜纹组织。中国古代丝织物加金最早始于何时，现尚无定论，不过可以肯定，至迟在汉朝末年，应用就已开始渐多。唐宋时织金技术趋于成熟，织金、捻金和其他用金方法达到了十多种。元代时织金锦缎大量生产，达到极盛。唐宋丝织物以色彩综合为主的艺术风格，至此也变成了以金银线为主体来表现织物风格。这种现象的产生一方面和蒙古民族的欣赏习惯、装饰爱好等因素有关外，更重要的是蒙古族通过长期战争，从被征服地区掠夺了数量巨大的黄金，这些黄金成为大量生产金锦的物质基础。元朝用金方法较多，用于织金锦的主要是片金线和捻金线。片金线是将金打成金箔，然后贴于绵纸之上切成金丝，直接用于织造；捻金线又称圆金线，是将金片包在棉线外加捻而成金线。元代织金锦的消耗极大，据《元史·舆服志》记载，天子冬服分11等，用纳石失作衣帽的就有好几种，百官冬服分九等，也有很多用纳石失缝制。皇帝每年大庆，都要给12 000名大臣颁赐金袍。此外，《马可·波罗游记》中有元朝军队用织金作军中营帐绵延数里的记载。元代织金锦精品实物，除故宫博物院有藏品数种外，各地亦有不少出土，如新疆盐湖元代墓葬出土的片金锦和捻金锦，经密分别为每厘米52根和65根，纬密分别为每厘米48根和40根。片金锦金线宽仅0.5毫米左右，纹样为满地花类型，以开光为主体，穿枝莲补充其间，线条流畅，绚丽辉煌。捻金锦纹样为一尊菩萨像，修眉大眼，隆鼻小口，头戴宝冠，自肩至冠后有背光。

（十一）缂丝

缂丝在古代最初叫织成，后来因其表面花纹和地纹的连接处有明显像刀刻一般的断痕，自宋代起又叫刻丝、剋丝、克丝。它实际上是一种以蚕丝为经线，各色熟丝为纬线，用结织技术织作的一种高级显花织物。缂丝的起源很早，可以追溯到汉代，当时达官贵人祭祀天地和参加重要典礼的礼服就是用它为衣料制成的〔《后汉书·舆服志》："公侯九卿之下，（衮服）皆为织成"〕。晋以后缂丝织作技术有了较大进步，织品日臻精细，出现了一些以佛像、人物和各种物体作纹样主题的织物。同时它在织物中的地位也大为提高，除了皇帝的衮服逐渐地改用缂丝外，在其他需要织物显示尊贵的地方也一律以缂丝充任。例如，南北朝和唐代的内府，在整理其收藏的王羲之、王献之书法时，对于上品均用缂丝装裱，较次的用锦装裱。至宋代，缂丝不仅在织作技术方面达到了完全成熟的程度，在制作原则上也起了很大变化，即从单纯制作服用的织物，发展为兼作专供欣赏的纯艺术品。宋、元、明、清四代出现了许多具有熟练技术的缂丝名匠，其中最为著名的有南宋的朱克柔、沈子番、吴煦，明代的朱良栋、吴圻等。他们都有不少传世佳作，如朱克柔有《莲塘乳鸭图》（图12）、《山茶》、《牡丹》等，其作品特点是手法细腻，运丝流畅，配

图12　南宋著名缂丝艺人朱克柔的作品《莲塘乳鸭图》

色柔和，晕渲效果好，立体感强。沈子番有《青碧山水》、《花鸟》、《山水》、《梅花寒鹊》，其作品特点是手法刚劲，花枝挺秀，色彩浓淡相宜。这些名家之作，不但可与所仿名人书画一争长短，有的艺术水平和价值甚至远远地超过了原作，对后世影响很大。

缂丝虽属平纹织物，但它的织法不同于一般织品，是采用通经断纬的方法织成的。织前，先将画稿或画样衬于经纱之下，织工用笔将花纹轮廓描绘到经纱上。织时，不是只用一把梭子通投到底，而是根据花纹图案的不同颜色，把每梭纬纱分成几段，用若干把具有各种色彩的小梭子分织。宋代庄绰曾在他写的《鸡肋篇》中对缂丝的织造特点做过详细描述："定州织刻丝，不用大机，以熟色丝经于木挣之上，随所欲作花草

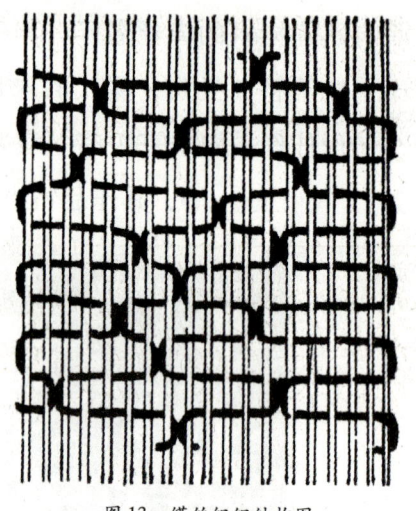

图13　缂丝组织结构图

禽兽状。以小梭织纬时，先留其处，方以杂色线缀于经线之上，合以成文。若不相连，承空视之，如雕缕之象，故名刻丝。如妇人一衣，终岁可得，虽作百花，使不相类亦可，盖纬线非通梭所织也。"其中所谓"盖纬线非通梭所织也"，就是指断纬而言（图13）。

五　丝绸及丝织技艺的外传

今天，原产于中国的高级纺织品——丝绸，踪迹遍及世界各地，很多国家都在生产和消费丝绸。那么中国丝绸及丝织技艺是在什么时候，又是怎样传播开的？它对世界各国产生过什么样的影响呢？

（一）丝绸之路

中国丝绸向外传播的时间很早。据成书于战国时期的《穆天子传》记载，周穆王在即位的第十三年，即公元前989年，以伯矢为向导，乘造父驾的八骏马车，带着大量丝织品，从山西出发，入河南，过山西，出雁门关到内蒙古，沿黄河经宁夏至甘肃，过青海越昆仑山入新疆，翻越葱岭到中亚伊朗高原后，才从天山北路回归。说明中国丝绸早在3000多年前便已西运。另有许多文物证明，至迟在公元前6世纪，中国丝绸已在欧洲出现。略举几例，在联邦德国南部斯图加特的一个公元前500多年的古墓中，发掘出的人体骨骼上有中国丝绸衣服的残片；在前苏联阿尔泰北麓的巴泽雷克公元前5世纪的古墓群中，有很多中国丝织物出土。在公元前350年的一个希腊陶壶上，画有身着中国丝绸的贵妇（图14）。欧洲人在公元前4世纪时，也是通过丝绸开始认识中国的。当时希腊史学家克泰夏斯在他的著作

《史地书》中用"塞里斯"（seres）一词来称呼产丝的国家。希腊文里"ser"是丝的意思，"seres"原意是"制丝的人"，以后引申为"丝之国"，指的就是中国。不过在公元前的很长时间里，中国丝绸向外输出的数量极为稀少，据西方史书记载，古罗马的恺撒大帝（公元前1世纪）有一次穿着一件中国丝袍在剧场看戏，在场的王公大臣面对那光彩华丽的丝绸，一时无心看戏，把目光都集中在皇服上，称羡不已，认为是神话中"天堂"里才有的东西。连皇亲国戚对丝绸都如此少见多怪，可见那时丝绸在欧洲是如何的珍稀。这种现象直到举世闻名的"丝绸之路"开通以后，才逐渐得到改变。

图14 古希腊陶壶上身着丝绸的贵妇

这条路大规模地、完整地开通是在汉武帝年间。当时匈奴征服了许多西域（西域是汉代对新疆、中亚、西亚直至地中海一带的称呼）小国，将汉王朝西去的道路堵死了。汉武帝出于军事和经济目的，认为有必要打通西去之路，于是派历史上著名外交家张骞出使西域。

公元前138年，张骞第一次出使西域，率领100多人，历尽艰险，回到长安时仅剩两人，费时13年。张骞在出使的十余年间，掌握了许多西域国家的军事和经济情报，通过对这些情报的分析，汉武帝下定了打通西去道路的决心。

公元前119年，张骞第二次出使西域，组织了庞大的代表团，带牛羊一万头、金币丝帛"数千巨万"作为馈赠的礼物。这次出使以及随之进行的军事行动，获得巨大成功，打通了西去的道路，使汉王朝和西域各国开始交往，也使中原精美的丝绸和其他物品源源不断地输送到西域各国。这条路以后又经中外人民的共同开拓，成为一条横贯亚洲大路的贸易通道，并因有大量的中国丝绸经此路西运，被中外历史学家称之为"丝绸之路"。

其实古代"丝绸之路"路线并不固定，也非一条，其主要路线：东起渭水流域，向西通过河西走廊，在敦煌分成两路，或经今新疆境内塔里木河北面的通道，在疏勒（今喀什）以西越过葱岭，更经大宛（今乌兹别克共和国境内费尔干纳盆地）和康居南部（今撒马尔罕附近）西行，或经今新疆境内塔里木河南面的通道，在莎车（今莎车县）以西越过葱岭，更经大月氏（今阿富汗和田）西行，以上两路会于安息（今伊朗），然后向西经条支（今伊拉克、叙利亚一带）到达大秦（即罗马帝国）。主丝路全长7 000多公里，道路条件极为艰苦，罗马历史学家佛罗鲁斯在他的史书中说，从中国到罗马，"须行四年方能达也"。其支线有从长安到兰州，再折向西宁，沿青海湖北岸，穿过柴达木盆地到达西方；亦有由中国南部经四川、青海往西去；亦有从四川、云南经缅甸南部，再利用海道西行；亦有经中亚转达印度半岛各港再由海道西运等。由于路途遥远，罗马帝国市场中的丝绸，多是由伊朗商人间接贩运过去的，只有很少部分是罗马商团直接从中国贩运。罗马商团沿丝绸之路来到中国内地进行丝绸贸易，有据可考的最早记载见于《后汉书·和帝本纪》，时间是公元100年。当时罗马商团能从如此遥远的地方来到中国，对汉王朝来说不啻于一件大事，故《后汉书》将此事收入，并进行了简要记载。而这个罗马商团来华途经的地方，在当时罗马作者马林《地理学导论》中有所介绍。据此书说：商团从马其顿出发，经达达尼尔海峡，到叙利亚北境门比节，东行至伊朗西部哈马丹、里海南岸、伊朗北部达姆甘，直至阿富汗西境赫拉特，然后北上吐库曼南境马里，再东行至阿富汗北境马扎里沙里夫后，踏上中国境内的丝绸之路。

除上述道路外，古代还有一条海上"丝绸之路"，这条路也是汉武帝派人开通的。当时中国海船带了大批的金银、土产和丝绸，从今天雷州半岛的徐闻和广西的合浦出发，途经都元国（今越南岘港）、邑卢没国（今泰国叻丕）、谌离国（今缅甸丹那河林）和夫甘都卢国（今缅甸卑谬），航行到印度半岛南部的黄支国（今印度康契昔拉姆），然后，从己程不国（今斯里兰卡）返航，途经皮宗国（今印度尼西亚苏门答腊）回国。这条海上通道，在唐代以后西去的陆上通道逐渐衰落后，成为我国对外贸易的主要商路。

"丝绸之路"不仅是中国丝绸、外国珠宝的物质交流之路，更是东西文化技术的交流之路，它对改善和丰富东西方人民的物质生活和精神生活，对整个人类的文明进程，影响极为深远，难怪有些学者把"丝绸之路"比喻为世界历史展开的"主轴",世界主要文化的"母胎"和东西文明的"桥梁"。

(二) 丝织技艺的外传

中国丝织技艺也是沿着"丝绸之路"向西传播的。首先传到的是西域小国于阗国（今新疆和田），据《大唐西域记》记载，汉代时于阗国没有蚕桑，为得到蚕桑之利，于阗的国王派使节到汉王朝，请求赐给蚕种和桑种，哪知汉王朝不但不给，还下令严禁蚕种、桑种出关。于阗国无奈，便请求与汉朝和亲。得到准许后，迎亲使者密告公主，于阗国"素无丝帛桑蚕之种"，公主将来要想继续穿丝绸衣衫，必须随身携带蚕桑种子出阁。于是公主出嫁时将蚕种桑种密藏于所带丝绵帽中，当出嫁队伍经过汉朝边关时，边关卫士不敢查验公主的帽子，公主得以顺利将蚕桑种子带到阗。自此之后，于阗地区便有了蚕桑生产，并逐渐成为著名的丝织产地。本世纪初，英国人斯坦固在和阗（今和田，即古于阗）地区发现一块18世纪的画版，版上就刻画有那位将蚕桑种子藏在帽中带到于阗的汉朝公主。想必是因这位公主所做之事造福了和田，当地人为纪念她而刻画的。另外，斯坦因还在于阗附近的一座大庙废墟里发现过一幅画着祭祀"蚕先"的壁画，这种祭蚕的风俗，当然也是中国传去的，由此也反映出蚕桑在西域人民生活中所占的重要地位。

西域是我国古代通向西方的门户，丝织技艺传入西域后，进一步外传便到了波斯。其时间大概在中国的三国时期，因为隋唐时，波斯人已能自己生产技术要求较高的绫锦了。中国和西方史书对古代波斯的丝织情况都有一些介绍，如有许多中国史书谈到波斯的名产时都谈到过波斯锦。有一本西方史书还曾记载，6世纪时，有两个波斯人不远万里来到中国学习养蚕和丝织技术。7世纪以后，尽管波斯以纺织工艺先进著称于周边国家，但丝纺织技术仍远远落后于中国，当时我国熟练的纺织工匠曾去中亚和西亚传授纺织技艺。唐人杜环去大食（今伊拉克境内）时，亲眼看见一个叫乐还、一个叫吕礼的两个河东人在当地传授纺织技术。

中国蚕桑技术传入欧洲的时间大约也是在6世纪。这之前不仅中国严禁蚕桑技艺外传，连已掌握蚕桑技术的波斯为了自身的经济利益，也秘而不传。那么蚕桑技术是怎样传入欧洲的呢？据欧洲史书记载：在查士丁尼大帝时代，有两个僧人自中国回到罗马，密匿蚕卵于竹杖之中，持杖行路，状如进香游客。虽中国当局严禁输出，但终无人料及，致被窃往君士坦丁堡。从此，欧洲始有蚕业之兴起。可见蚕桑技术传入欧洲是费了一番周折的。中国的脚踏织机和提花机，也是在6世纪传到欧洲的。这之前欧洲使用的织机是较为落后的竖机，没有提花机，更不会织造大花纹织物。这两种织机的传入，使西方织机的结构发生了改变，开始了由竖式向横式的转变，并能织出一些较为复杂的提花织物了。

朝鲜和日本是中国的近邻，我国蚕桑技术传入这两个国家的时间肯定比西方要早得多，但始于何时现尚难确定。据《汉书·地理志》记载："殷道衰，箕子去朝鲜建国，教其民以田蚕织作。"这就是说，早在殷商时期，我国的蚕桑技术可能就传到了朝鲜。至于传入日本的具体时间，史书上也没有确切记载，从《三国志·东夷传》所云；正始四年（243），倭王派使八人，来献倭缎、绛青缣、绵、衣帛等丝绸产品，正始八年又献异文杂锦，传入的时间应不会晚于汉代。三国以后，中日两国人民的往来日渐频繁，有关中国先进的丝织技术传入日本，促进日本丝织技艺进步的记载也开始多起来了。如史载，西晋时，秦始皇后裔弓月君曾率127县之民经朝鲜移居日本，并将这些人分置日本各地养蚕栽桑，使其地蚕业大兴。南北朝时，日本还多次派专使到中国江南一带招募纺织技匠去日本传授技艺。日本一学者在其著作中说：招募中国纺织技术人员来日本的同时，也引进了织机，"引进的织机是有筘能够打纬的丝织机……就是以后我国制造的'棚机'。这种织机于8世纪开始普及，在织布生产中起了极大的作用。"唐宋时有些日本人专程来中国学习织造技术，学成回日本后引用中国织造技术，改造落后设备，生产出一些闻名于全日本的丝织品种。由此也可见，日本近代丝织业的兴起，并非偶然，它是与长期不断地学习、借鉴中国先进的丝纺织技术分不开的。

以上是我国丝织技术传入西亚、东亚、欧洲的大致情况，除此以外，我国的蚕桑技术在公元前2世纪，通过四川、西藏传入印度，在公元2~3世纪传入缅甸，在6世纪传入古诃陵园（亦称阇婆国，今印度尼西亚的爪哇岛）。

（三）丝绸及技艺外传的影响和意义

在中国古代丝、麻、棉、毛纺织印染技术中，以丝绸纺织印染技术水平最高，最值得称道，它对麻、棉、毛纺织印染技术影响很大。尤其重要的是，由于丝绸印染技术是中国独创的，精美的丝绸是高档纺织品的代表，因此古代丝绸贸易特别兴旺。而由于丝绸国际贸易而开辟的"丝绸之路"，不但是一条国际通商之路，还是一条中外文化交流之路。因此，可以这样说：丝绸对人类文明的贡献不逊于四大发明，而丝绸之路的开通，则使中国古代丝绸印染技术的特殊影响以及中国古代纺织印染技术特殊的、重要的历史地位在下面几个方面充分地表现出来。

第一，中国丝绸及技艺的外传丰富和美化了传入国人民的生活，改善了传入地区人民的衣着。据西方史书记载，中国丝绸未传入欧洲以前，欧洲人缝制衣服的原料只有羊毛和亚麻，当柔软光亮、华丽美观的丝绸一经传入欧洲，立即受到欢迎。又据中国史书记载，三国时扶南（今柬埔寨）的男人还有裸体的，后经我国使者康泰劝说，扶南国王下令男子用丝绸做干漫（即筒裙）遮体，改变了当地人的裸体习俗。

第二，促进了传入国纺织技术的进步。在中国丝绸外传之前，世界上其他国家对蚕桑一无所知，随着中国丝绸和蚕织技术的传入，才使这些国家对蚕桑有所认识，开始加以利用，并逐渐生产出一些地方名产。丝织机特别是提花机的传入，促进了西方织机由竖机向横机的转变，开拓了近代机械穿孔纹版的途径。

第三，中国丝绸及技艺的外传，其影响并不仅局限于传入国的纺织业，更对传入国的政治、经济甚至历史产生了重要的、积极的作用。如13世纪意大利经济迅猛发展，成为欧洲文艺复兴的起始国，即是与大力发展丝织业分不开的；17世纪后期，法国经济形势好转，成为欧洲强国，也是与丝织业的兴起有关。再如日本明治维新（1868）后，政府重视发展丝织业，并通过开拓国外生丝市场，使日本经济蒸蒸日上，使日本从一个落后的封建国家，迅速转变成近代的资本主义国家。

第四，带动了中国和世界各国的经济、文化往来，增进了各国人民之间的友谊和了解。

第二章
古代的葛、麻纺织

人类祖先在长期的生产、生活实践中，对各种可用于纺织的野生纤维都进行过鉴别取舍。葛、麻等植物韧皮纤维，以它们优良的纺织特性得到了人们青睐，成为古代主要纺织原料的一部分。我国在利用葛、麻类植物纤维方面，不仅有悠久的历史，在技术方面也有卓越的贡献。

一 麻类纤维的品种

我国葛、麻纤维品种很多，古代应用于衣着日用方面的有葛、大麻、苎麻、苘麻等。其中大麻和苎麻的原产地是我国，它们在国外分别享有"汉麻"和"中国草"的盛名。

（一）葛

葛，也称葛藤和葛麻，是一种属于豆科的藤本植物，其长可达八米，多生长于丘陵地区的坡地或疏林之中。经加工分离的葛纤维，是我国古代最早用来纺织的大宗原料之一。古时习惯把织作精细的葛布称为絺，粗糙的葛布称为綌，絺之细者称为绉。葛纤维的吸湿散热性较好，特别适宜作夏服材料，在古书中传说的远古时代，有尧"冬日麋裘，夏日葛衣"的记载，杜甫诗中有"焉知南邻客，九月犹絺綌"之句，还有"蛮娘细葛胜罗襦"、"绫锦不及葛称时"之誉。

春秋战国时期是葛生产的黄金时期，当时葛的人工栽培在我国已很普及，高质量的葛织物不仅各地都有生产，产量亦很惊人。据记载，越王勾践败于吴国后，一次献给吴王的葛布就达10万匹。隋唐以后，丝麻的纺织技术和生产能力有了显著提高，葛藤却因其单纤维较短，不适于大规模精加工逐渐被麻取代，一些地方仅把它作为特产而有少量生产。

（二）麻

麻，俗称大麻，又名火麻和浅麻，高约1~2米，我国绝大部分地区都有分布，属于桑科雌雄异株的一年生草本植物。雌株花序呈球状或短穗状，麻茎粗壮，成熟较晚，韧皮纤维质劣且产量低；雄株花序呈复总状，麻茎细长，成熟较早，韧皮纤维质佳且产量高；麻子含有一定的油量，可以食用。大麻单纤维长度约150~255毫米，强力约42克，呈淡灰黄色，质虽坚韧，但粗硬、弹性差、不易上色，只能纺粗布。我国人工种植大麻和用其纤维纺织大约始于新石器时代，普及于商周之时。早在两千多年前我国人民就对大麻雌雄异株的现象以及雌雄纤维的纺织性能有了较深的认识，称其雄株为"枲"或"牡麻"，雌株为"苴"或"子麻"。常用枲麻织较细的布，用苴麻织较粗的布。

（三）苎麻

苎麻，因为可供纺织，所以在古代"苎"字，也可写成"紵"，是我国特有的属于荨麻科的多年生草本植物。植株高可达七尺，茎直立，叶子互生，呈卵圆形状，叶底遍生白绒毛，夏秋间开淡绿色小花，单性，雌雄同株，喜生长于比较温暖和雨量充沛的山坡、阴湿地、山沟等处，主要分布于南方各地和黄河流域中下游地区。苎麻纤维细长坚韧，平滑而有丝光，吸湿散热以及上染牢度均佳，是商周以来中原地区除蚕丝外的主要纺织原料。由于苎麻吸湿散热快的优良性能是棉花所不及，因此即使在棉花普及后，苎麻在南方仍普遍种植。苎麻布有质轻、凉爽、挺括、不粘身、透气性好等特点，是深受人们欢迎的夏季衣着用料。

（四）苘麻

苘麻属于锦葵科一年生草本植物，分布地区很广，在我国的大部分地区均有生长，其纤维短而粗，纺纱性能远不如大麻和苎麻。春秋以前，多用它作为丧服或下层劳动者的服装用料。秦汉以后，用之制作衣着的逐渐减少，但仍比较广泛地用以制作绳索和雨披等物。据元王祯《农书》说："（苘麻）可织作毯被及作汲绠、牛索，或做牛衣、雨衣、草履等具。农家岁岁不可无者。"说明后世对苘麻的需求量依然是很大的。

（五）蕉麻

包括芭蕉和苷蕉。苷蕉就是可食用的香蕉，它和芭蕉均属芭蕉科多年生草本植物，但同科不同种。古代有些地区常用这两种植物的茎皮纤维作纺织材料，织成的布叫蕉布。此布质地极轻，白居易有："蕉叶题诗咏，蕉丝著服轻"的诗句。宋应星有"取芭蕉皮析缉为之，轻细之甚"的赞叹。唐宋期间，广东、广西、福建所产蕉布非常有名，常作为贡品献给朝廷。

我国上古无棉花，古时称为"布"的，主要是指上面说的麻类织物，所以《尔雅》中有"麻、纻、葛曰布"之说。由于布是庶民日常服用的布料，与广大人民生活有着密切的关系，所以把庶民亦称为"布衣"。

二 麻纤维的脱胶技术

麻类植物枝茎表面的韧皮是由纤维素、本质素、果胶质及其他一些杂质组成，如想较好地利用麻植物纺织，就不仅需要取得它的韧皮层，而且必须去除其中的胶质和杂质，将其中的可纺纤维分离并提取出来。这种分离和提取麻纤维的过程即现代纺织工艺中所说的"脱胶"。

中国古代利用麻类植物韧皮层的方法，根据其经过的历程来看，大致分为三个阶段。最早采用的是直接剥取不脱胶的方法。即用手或石器剥落麻类植物枝茎的表皮，揭取出韧皮纤维，粗略整理，不脱胶，直接利用。这种方法在新石器时期曾广泛使用，河姆渡出土的部分绳头，经显微镜观察，发现所用麻纤维，均呈片状，没有脱胶痕迹，说明就是这样制取的。

随后采用的是沤渍法。随着人类生活实践和生产劳动实践的积累，人们从倒伏在低洼潮湿地方的麻类植物自然腐烂中得到启示，懂得了通过沤渍可使麻植物的胶质部分脱落，开始有意识地采用人工沤渍的方法提取其纤维。浙江钱山漾新石器遗址及一些商周墓出土的麻布片，经鉴定都有明显的脱胶痕迹。

有关沤渍脱胶法的记载，最早见于《诗经·陈风》："东门之池，可以沤麻"、"东门之池，可以以沤苎"。用池水沤麻是有一定科学道理的。在日光照射下，流速缓慢的池水，温度较高，水中微生物的数量可以迅速增加。微生物在生长繁殖过程中，需吸收大量沤在水中麻植物的胶质作为自己的营养物质，在客观上起了脱胶作用。因而水中微生物的数量，成为沤渍的关键。

微生物的繁殖是与沤渍季节、沤渍水质以及沤渍时间有关系的，对此，我们的先民们根据他们的生产实践经验作出许多科学的总结。

关于沤渍季节，西汉时写成的《氾胜之书》曾明确地指出："最好是在夏至后二十日。"这是很值得称许的论断，因为此时气温较高，微生物繁殖快，脱胶顺利，能加工出十分柔软、类似蚕丝的麻纤维。

关于水质和沤渍时间，北魏贾思勰在《齐民要术》中也曾明确地指出："沤欲清水，浊水则黑。水少则麻脆。生熟合宜，生则难剥；太烂则不任。"意思是说水质要清，用浊水沤出的麻发黑，光泽不佳；用水量要足，如水少，没有浸没的麻皮，因接触空气而氧化，制出的纤维脆而易断。沤渍时间要适中，时间过短，微生物繁殖量不够，不能除去足够的胶质，麻纤维不易分离；时间过长，微生物繁殖量大，脱去过多胶质，纤维长度和强度均易受损。

再后采用的是沸煮法和灰治法。

沸煮法是把新割下的麻类植物（带皮的）或将已剥下的韧皮放在水中沸煮，使其脱胶。当胶质逐渐脱掉后，捞出用木棒轻捶，便可得到分散的纤维。其法最早大概是用在葛纤维上，因为葛的单纤维比较短，大部分在10毫米以下，如果完全脱胶，单纤维在分散状态下就失去纺织价值，只能采取半脱胶的办法。采用煮的方法，作用比较均匀，且易于控制时间和水温。最早的记载也是见于《诗经》，"是刈是濩，为絺为绤"描述了葛的加工过程。大意是说葛藤被割下之后，便可放在水里煮练，濩即沸煮。在达到目的之后便可进一步纺织成粗细不同的葛布。秦汉以来这种沸煮法又被广泛用在苎麻的脱胶上，其技术水平也越来越高。

灰治法与现代练麻工艺中的精练工艺大体相同，是把已经半脱胶的麻纤维绩捻成麻纱，再放入碱剂溶液中浸泡或沸煮,使其上残余的胶质尽可能地继续脱落,使麻纤维更加细软,而能制织高档的麻织品。其起源也可以追溯至秦以前。最早的记载见于《仪礼》中的"杂记"和"丧服"。元初编成的《农桑辑要》中载有一种加工麻纤维的方法,基本上是这种方法的演绎。"其织既成,缠作缨子,于水瓮内浸一宿,纺车纺讫,用桑柴灰淋下,水内浸一宿,捞出。每缠五两,可用一净水盏细石灰拌匀,置于器内,停放一宿,择去石灰,却用黍秸灰淋水煮时,自然白软,晒干。"桑柴灰和黍秸灰就是所谓灰治的灰,这些灰的水溶液均呈碱性,有很好的脱胶作用。用其脱胶就是灰治。此外,在元代王祯的《农书》里,还载有一种类似的但又结合日晒的方法:"先将麻皮绩成长缕并纺成纱,和生石灰拌和三五天后,放在石灰水煮练,然后再用清水冲洗干净,摊放在平铺于水面的竹帘上,半晒半浸,日晒夜收,直至麻纱洁白为止。"这无疑是在前一种灰治的基础上发展而成的。半浸半晒,是利用日光紫外线进行界面化学反应产生臭氧,对纤维中的杂质和色素进行氧化,使色素集团变为无色集团,从而在精练的同时,又起到漂白的作用,而更有利于制织高档的麻织品。近些年出土的一些汉代麻布,如长沙马王堆汉墓出土的精细苎麻布,绝大多数纤维呈单个分离状态,而且麻纤维上的胶质只残留很少一部分。湖北江陵凤凰山西汉墓出土的麻絮,纤维表面附有较多的钙离子。据此分析来看,这些出土文物,采用的脱胶方法极可能就是上述的两种灰治法。由于这两种灰治法非常有效,所以自它出现时起，一直盛行于世，甚至在今天的夏布生产中仍在沿用。

三 麻纺织技术

麻类植物的韧皮纤维是我国历史上使用得最久远的纺纱原料，在陕西华县泉护村和河南三门峡庙底沟新石器遗址出土的陶器上，都曾发现有布纹痕迹，在甘肃临县火何庄和秦魏家新石器墓葬中，也曾发现有布纹痕迹。同时期江苏吴县草鞋山和钱山漾遗址还分别出土过葛布和苎麻布实物。经分析，这些实物布纹残痕每平方厘米皆各有经、纬线 10~11 根；葛布残片的经纱密度约为每厘米 10 根，纬纱密度约为每厘米 14 根，经纬纱线均为双股纱并捻，直径投影宽度为 0.45~0.5 毫米；苎麻布系平纹织物，有经纬纱密度分别为每厘米 24 根和 16 根以及 30 根和 20 根两种。这些实物充分表明我国早在新石器时代便已经具备一定水平的麻纺织技术了。

麻和葛是商周时期最主要的纺织原料。《诗经》中谈到麻和葛的地方有几十处，如"丘中有麻"、"蓻麻如之何？衡从其亩"、"彼采葛兮"、"绵绵葛藟，在河之浒"、"葛之覃兮，施于中谷，维叶莫莫，是刈是濩"、"麻衣如雪"等，讲的都是葛麻的种植和加工，可见当时麻纺织之普遍。商周时期的麻纺织技术水平在出土文物中有充分的展示，如在甘肃永靖商代遗址出土的麻布中，有一块布精细程度几乎可以和现代细麻布相比。最令人惊叹的是河北藁城台西村商代遗址出土的商代麻布，其经纱投影宽度仅 0.8～1.0 毫米，纬纱仅 0.41 毫米。这些麻织物实物的发现，既弥补了文字记载的不足，又显示商周时我们的祖先利用麻类纤维纺纱的高超技能。

春秋战国时期，许多苎麻织品织制得非常精致，有的甚至可以和丝绸媲美。当时的权贵就常将精美的麻织物作为互相馈赠的贵重礼品。

据《左传》记载，襄公二十九年（前 549），齐相晏婴亲手赠给郑相子产 10 匹齐国产的白经赤纬的丝织彩绸，而子产则把大量郑国产的雪白苎衣作为礼物，回赠给晏婴。长沙五星碑 406 号战国墓葬中，出土了几块采用平纹组织制作的麻衣残片，经鉴定，其经纱每 10 厘米竟达 280 根，纬纱每 10 厘米竟达 240 根，它比现在每 10 厘米经纱 254 根，纬纱 248 根的龙头细布还要紧密 3.45%。《论语·子罕》中有这么一段记载："子曰：'麻冕礼也，今也纯俭，吾从众。'何晏注：'冕，缁布冠也。古者绩麻三十升布以为之。纯，丝也。丝易成，故从俭。'"表明精细的麻布价格不让丝帛。我们知道布的密度和纱的细度密切相关，密度越大，纱线越细，纺纱者付出的劳动量也相应增加，这是精细的麻布价格堪比丝帛，甚至超过丝帛的原因。

古代麻布的粗细程度是用"升"，也叫缫来表示的，即用经纱的根数来表示的。80 根经纱谓之一升。战国和秦汉时期布幅的标准宽度均为二尺二寸（汉尺，合今天44厘米），在这个固定的宽度内观察其升数多少，便可知布的精美程度。按此计算80根为1升，160根为2升，依此类推。升数越高，布越细密。参照这个数据来看，长沙出土的战国麻布实为当时作为吉服所用的15升布，但这还不是最细的，最细的麻布升数往往可以达到30升，其精细程度竟相当于今天的府绸。

汉唐时期，随着麻纺织技术的进步和纺织工具的改进，麻纺织生产能力越来越强，生产量也越来越大。据史书记载，汉代妇女经常聚在一起自晨起至午夜连续不断织麻，有时一个月要做相当于45天的工作，因而织成的布也相应地增加。唐代将天下分为10道，据《新唐书·地理志》说：唐的剑南道（今四川、甘肃、云南一部）、山南道（今陕西、四川、湖北，河南一部）多产葛布，江南道的福州、泉州、建州和淮南道（今河南、湖北，安徽一部）以及其他各道的许多地区都生产麻类或葛类织品。有一段时间各道州每年贡赋麻布和苎布的总数皆达100多万匹。最多的是天宝五年（746），竟达1 035万余端。两端为一匹，约为520万匹。汉唐两代生产的麻类织品的名称，有一些现在还不难考知。仅见于《说文解字》一书的就有绀、缌、緆、绤、缞、纻、絟、绨、绤、绉10种。有的直到唐代仍沿用不废。缌、緆、绤、缞都是用大麻织作的。缌是先练（先练麻纱）后织的细麻布。緆是先织（先织成布）后练的细麻布。绤又叫绤赀，是特别细的緆布。缞是产于蜀地的白细麻布。纻、绖是用苎麻织作的,纻是细而白的苎麻布,绖又可写作荃,是细纻布,纻可能是未曾练治过的,纻是练治过的。絺、绤、绉是用葛织的,絺是细葛布,绤是粗葛布,绉是起绉的细葛布(用两种捻度不同的葛纱相间排列织成的)。汉唐著名的麻织产品有:汉代蜀地安汉织的"黄润布"、云南哀牢织的"阑干布",唐代滁、沔二州织的"麻赀"、黄州织的"纻赀"、郢、滁、舒、宣、袁等州织的"白纻"、永州织的"女子布"。黄润布又名"筒中女布",以轻细见称,纱支非常纤细,据说整匹布竟能卷置于一节竹筒之内。阑干布是带花纹的布,不仅纱支细致,纹样也十分艳丽,当时有人形容它为"织成文章如绫锦"。"文章"意即纹样,意思是说它的华美竟然可与绫锦相比。麻赀、纻赀大致和緰赀相同,都是先经灰治而后织成的特别细致的布。白纻以白为名,一定是具有白的特点。汉唐之时常有人以白纻布为道具,执而为舞,谓之为舞白纻,其词常见于古乐府诗中。白纻由于它的鲜洁而被形容为"质如轻云色如银"、"状似明月泛银河",可以想见唐代的白纻,如诗所言。所有这些皆可作为汉唐两代麻葛织品织作水平的写照,现在虽已无从具体地看到,但仍是不难推定的。

宋时期麻纺织生产有了进一步发展,出现了加捻卷绕同时进行的多锭大纺车,使纺纱效率大幅度提高,麻布生产不仅产量增加,麻织物品种和加工方法也更加丰富多彩。宋代麻织品的产地集中在南方,尤以广西为最,据说曾出现过:"(广西)触处富有苎麻,触处善织布"、"商人贸迁而闻于四方者也"的情况。桂林附近生产的苎麻布因经久耐用，一直享有盛誉，周去非在《岭外代答》中对此布的生产过程和坚牢原因作了总结："民间织布，系轴于腰而织之，其欲他干，则轴而行，（或）意其必疏数不均，且甚慢矣。及买以日用，乃复甚佳，视他布最耐久，但其幅狭耳。原其所以然，盖以稻穰心烧灰煮布缕，而以滑石粉膏之，行梭滑而布以紧也。"广西邕州地区出产的另一种苎麻织物——练子，也非常出色。据周书记载，练子是由精选出的细而长的苎麻纤维制成，精细至极，同汉代黄润布的织作效果有些相同，"一端长四丈余，而重止数十钱（一二百克重），卷而入之小竹筒，尚有余地"，用来做成夏天的衣服，十分轻凉离汗。南宋戴复古曾赞之说："雪为纬，玉为经，一织三涤手，织成一片冰"，既赞美它的轻细，又称许它具有良好的透气性和吸湿性，适于穿着。此外，江南地区生产的山后布和练巾也非常有名。浙江诸暨生产的山后布，又称"皱布"，织造时将加过不同捻向的经纱数根交替排列，然后再行投纬，织成的布"精巧纤密"，质量仅次于蚕丝织成的丝罗。在用它作衣服之前"漱之以水"，由于经纱捻度很大，遇水后膨胀，使布面收缩，呈现出美丽的谷粒状花纹（《嘉泰会稽志》）。山后布与前面谈到的用葛织的绉相像，所以也叫作绉布，质量并不亚于用丝织的纱罗。

明清时期麻纺织生产规模虽比不上丝、棉生产，但在中原、东南、西南等地一些地区，麻布、苎布、葛布、蕉布的生产仍很普遍，出现了一些地方名产。据一些方志记载，浙江安吉县"麻园盛者，望之荫翳可爱，织为麻布，视他处者较良。麻布，妇女以家种纺织之"。福建泉州"府下七县俱产……苎布、葛布、青麻布、黄麻布、蕉布等"。四川荣昌县一带多种麻"比户皆绩，机杼之声盈耳"。江苏太仓产苎布"举世名之，岁商贾贷入两京，各郡邑以渔利"。湖北黄陂葛布极精致，陶允宜在《黄坡葛》诗中赞曰："楚人种葛不种麻，男采女绩争纷孥。皎如白纻轻如纱，进之内宫传相夸。"这时期苎麻布在织造中往往大量地采用两种或两种以上不同纤维经纱进行交织，并涌现出很多性能和质量均佳的品种，如广东东莞县一带用苎麻和蚕丝交织制成的"色白若鱼冻"的鱼冻布，兼容了丝与苎麻的特点，织物柔软光滑，而且由于布中苎麻纱线残留了一些未脱净的胶质，洗涤时又被一次次脱胶，使得它具有"愈浣则愈白"的特点。又如福建漳州用苎麻纱和蚕丝交织，由于两种纱的粗细不同，织品通体呈现明显的横条纹，织物风格和丝织平罗的横条纹有些接近，也或谓之为缎罗，虽然是平纹结构，却有特殊的视觉效应。

第三章
古代的毛纺织

在明代以前，动物的毛纤维是仅次于丝、麻纤维的重要纺织原料。中国古代毛纺织的历史和丝、麻纺织一样悠久，其技术也是和丝、麻纺织技术相互交融发展起来的。

一 毛类纤维的种类

我国古代用于纺织的毛纤维原料有羊毛、山羊绒、骆驼绒毛、牦牛毛、兔毛和各种飞禽羽毛等多种，其中羊毛始终为主要毛纤维原料，使用量最多，像毡、毯、褐、罽等古代主要毛纺织品大多是以羊毛纤维制成的。

（一）羊毛

我国古代饲养的羊分为绵羊和山羊两大品种。绵羊的毛纤维具有许多良好的纺织性能，如良好的弹性、保暖性、柔软性、质地坚牢、光泽柔和，特别是其表层的鳞片发育较好，适于卷曲，颇富纺织价值。我国古代绵羊的主要品种有蒙古种、西藏种及哈萨克种。蒙古种原产于蒙古高原，后广布于内蒙古、东北、华北、西北等地，是我国饲养数量最多的一个品种。西藏种原产西藏高原，后广布于西藏、青海、甘肃、四川等地。哈萨克种广布于新疆、甘肃、青海等地。由于各个地区的自然条件、牧养条件不同，在各地又有许多亚种出现。不同品种、不同产地的绵羊，毛纤维质量是有差异的。西藏种、哈萨克种的毛纤维，在细度、长度、强度、弹性等方面都比较好，可织制精细毛织物。蒙古原种羊的毛纤维比较粗硬，适宜织制比较粗厚的织物和毛毯，特别是地毯。而江南、秦晋、同州等地的吴羊、湖羊、夏羊、同羊，虽同属蒙古种，但经所在地的长期饲养培育，其羊毛质量和西藏种相近。

（二）山羊绒

山羊毛的纺织价值不高，但在长毛底下的绒毛却是不可多得的高级纺织原料。我国山羊的饲养和山羊绒的利用是从新疆经河西走廊逐步发展到中原各地的。据明代宋应星《天工开物》记载：一种叫作矞芳的羊，唐代末年自西域传来。这种羊外毛不很长，内毛却很柔软，可用来织绒毛细布。陕西人称它为"山羊"，以区别于绵羊。这种羊从西域传到甘肃临洮，现在兰州最多，所以绒毛细布都来自兰州，又叫兰绒。西部少数民族叫它孤古绒，这是一种十分高级的毛织物。

（三）牦牛毛

古人称牦牛为"犛牛"，牦牛毛织物为"犛罽"。我国利用牦牛毛纺织的历史较早。1957年在青海都兰县诺木洪发现的一处相当于周代早期的遗址中，曾出土过一批毛织物，所用纤维经切片鉴定，可以分辨出里面有牦牛毛，说明当时青海地区已开始利用牦牛毛充当纺织原料。另据《魏书·宕昌传》记载，聚居游牧于甘肃西南、四川西部、青海、西藏等地的西羌人，居住用的帐篷都是用氂牛毛和羖羊毛（山羊）织成。

（四）驼毛绒

我国的骆驼多产于蒙古、新疆、青海、甘肃等地，因而古代这些地区利用驼毛绒纺织较其他地区为多。汉以前，由于采集分离驼绒技术不过关，纺出的驼毛绒纱质量不高，一般多用来和羊毛混织，如在新疆吐鲁番阿拉沟地区战国墓葬群以及今蒙古人民共和国境内诺因乌拉东汉墓中发现的含驼毛绒织物，皆为驼毛绒和羊毛的混织物。到了汉以后，采集分离技术有了进步，纯驼毛绒织品才逐渐多起来。唐代时甘肃、内蒙古等地还曾将纯驼毛绒制成的褐、毡作为地方特产进献给朝廷。

（五）兔毛

据《唐书·地理志》记载，隋唐时期安徽、江苏一带普遍利用兔毛纺织，叫作兔褐，其兔毛织品也曾作为地方特产，大量上贡给朝廷。另据记载，唐代安徽宣城一带地区用兔毛制成的兔毛褐，与锦、绮同等珍贵，很有特点，是当地的著名产品，有的商人为了获得高利润，还用蚕丝仿制。

（六）羽毛

《红楼梦》中"勇晴雯病补孔雀裘"的故事脍炙人口，使我们对孔雀毛织物并不陌生。其实我国古代自南北朝以后一直将飞禽羽毛用于纺织，所选用羽毛也不只是局限于孔雀毛。据《南齐书·文惠太子传》记载说：太子使织工"织孔雀毛为裘，光彩金翠，过于雉头远矣"。说明南齐时不仅用孔雀毛织作，也用雉头毛（野鸡）织作。又据《新唐书·五行志》和其他有关记载说：安乐公主使人合百鸟毛织成"正视为一色，傍视为一色，日中为一色，影中为一色"的百鸟毛裙，贵臣富室见了后争相仿效，以致使"江岭奇禽异兽毛羽采之殆尽"，说明唐代还曾用过许多种鸟毛织作。这种百鸟毛裙的织制工艺是极值得注意的，它是利用不同的纱线捻向以及不同颜色的羽毛，在不同光强照射下形成不同反射光的原理织制而成。这种织造法是唐代纺织技术的一大发明，为当时世界纺织工艺中所仅见。

北京定陵博物馆保存有一件明代缂丝龙袍和一些明代缂丝残片，其中龙袍上的部分花纹线和缂丝上的部分显花纬线，都是用孔雀羽毛织捻的。北京故宫博物院保存的清乾隆皇帝的一件刺绣龙袍，胸部龙纹的底色部分也是用孔雀毛纤维捻成的纱线盘旋而成。这些现存文物是我国古代利用飞禽羽毛进行纺织的实物佐证。

二　毛纤维的初工技术

由于不同品种绵羊的生活习性以及各个地区的气候条件、饲养条件的差异，从绵羊身上采集下来的羊毛，往往因夹杂着各种各样的杂质而绞缠在一起，不能直接用于纺纱。初加工的目的就是去除这些杂质，开松羊毛，使其成为适合纺纱或加工成其他制品的状态。羊毛初加工一般包括采毛、净毛、弹毛三部分。羊毛经过这三道初加工后，即可用来纺织。

采毛是指毛纤维的收集，最初用什么方法，古代文献中没有记载，可能直接从屠宰后的羊皮上收集。直到南北朝贾思勰的《齐民要术》中才出现剪毛方法的记载，说明在此之前就已经有了铰毛技术。《齐民要术》说：绵羊每年可铰三次毛，春天在羊即将脱去冬毛时，剪第一次。五月天渐热，羊将再次脱毛时，剪第二次。八月初胡葈子未成熟时，剪第三次。每次铰完之后，要把羊放在河水中洗净。并强调指出第三次铰一定在八月初以前，否则"白露已降，寒气侵人，洗（羊）即不益。胡葈子成熟铰者，匪直著毛难治，又岁稍晚，比至寒时，毛长不足，令羊瘦损"。寒冷的漠北地区，每年只能剪两次，即八月那次不能铰，否则对羊过冬不利。这种方法和现代采取的方法基本相同，说明古人对羊的生活习性已相当了解，掌握了何时剪毛既能得到质量佳的羊毛，又对羊的生长影响最小的规律。

山羊绒的采集方法有两种：一种是揩绒，一种是拔绒。所谓揩绒，是用细密的竹篦梳子从山羊身上将已脱或将脱的较粗的绒梳下。所谓拔绒，是用手指甲从羊身上拔下较细的山羊绒。据《天工开物》介绍，这两种方法均出自西北地区，直到唐代传入中原。拔绒生产效率极低，每人穷一日之力，拔取所得，打成的线只得一钱重，费半年的工夫拔取，才够织作匹帛之料。若揩绒打线，每日所得，多拔绒数倍。

净毛是指去除原毛上所附油脂和杂质。净毛质量直接影响弹毛和纺纱工序。古代究竟用什么方法净毛，文献记载几乎没有，从《大元毡罽工物记》所载织造毛织物所用原料里常出现弱酸盐和石灰来分析，可能是用酸性或碱性溶液洗涤。

弹毛是将洗净、晒干的羊毛，用弓弦弹松成分离松散状态的单纤维，并去除部分杂质，以供纺纱。古代传统的弹毛弓形状和弹棉弓相似，只是因羊毛纤维比棉纤维长，单纤维强力和弹力也比棉纤维大，弹毛弓的尺寸可能要比弹棉弓相应大一些。

三 毛纺织技术

我国毛纺织技术的起源是十分早的，《禹贡》中有这么一段记载：传说早在夏禹时代，地处北方和西北的兄弟民族就已经用加工过的毛皮和毛纺织品了。这个说法是与历史事实吻合的。由于毛织物在地下不易保存，因而在历年的考古发掘中，年代较早的毛织物实物发现不多，但是还是有所发现的。如在青海都兰诺木洪原始社会晚期遗址出土曾出土过一些毛织物残片，这些毛织物残片，经密约每厘米14根，纬密约每厘米6~7根，经纬纱投影宽度平均约1毫米，最细0.8毫米；另外还曾在新疆罗布绰尔的公元前1880年遗址出土过一些毛织品，此处出土的毛织品，经纬密约每厘米5~8根，经纬纱投影宽度平均约1.3毫米，最细1毫米。它们的出土，不仅印证了有关的传说，又弥补了文字记载的不足，清楚地显示出兄弟民族在3000多年前毛纺织技术已具有一定的水平。

  商周时期，毛纺织技术逐渐趋于成熟。新疆哈密商代遗址出土的一批毛织物，组织除平纹外，还有斜纹及带刺绣花纹的产品，织物的经纬密度也比以前显著增加，其中一块平纹刺绣毛罽，经纬密度为每厘米16~20根；一块双色毛罽，组织为斜纹，经纬密度为每厘米10~30根；一块山形纹罽，组织为斜纹，经纬密度为每厘米20~24根。吉林市星星哨周代晚期墓葬出土过一块毛布面衣，织制得也相当细致，每平方厘米的经纬纱均为20余根。经纬向密度的大幅度增加和斜纹组织的普遍利用，表明当时毛纺织技术已出现突破性进步。这时期，不仅边疆地区兄弟民族有毛纺织生产，在中原地区的纺织生产中毛纺织生产也占有一定的比重。据西周时期铸成的青铜器"守宫尊"记载：有个名叫周师的贵族，曾经赏给他一个叫守宫的下属"枲幕（即用大麻的雌麻纤维织的帐幕）五、苴幕（雌麻织的笞布）二、毳布三"。毳布就是当时织制的比较精细的毛织品。在《诗经》中也有"毳衣如襦"的记载，据《说文》对这句话所作的解释，毳衣即是毛织物裁制成的吉服。至于民间日常所穿着的，也不断见于秦以前的著作。在《孟子》中曾有许行"与其徒皆衣褐"的记载。褐是比较粗的毛织布，许行是"农家者流"，以不辞艰辛、躬亲劳苦为治学行事之宗旨，所以他与其徒亦皆以褐为衣。在《诗经》中，有慨叹岁晚天寒，"无衣无褐，何以卒岁"的话，说明褐在当时是被众多下层人民所倚重的，是他们借以御寒过冬的主要衣着材料。

秦汉的时候，毛纺织技术又有了新的进步。在织造上，出现了挖梭法；在织物组织上，开始广泛运用纬重平组织。1930年英国人斯坦因在新疆古楼兰遗址发现的汉代挖梭毛织物，1959年新疆民丰东汉墓出土的人兽葡萄纹罽、龟甲四瓣花纹罽是这时期的代表作。楼兰的挖梭毛织物，采用多种彩色纬纱织制出奔马和细腻的卷草纹，显示了新疆地区的民族风格。人兽葡萄纹罽和龟甲四瓣花纹罽，皆为纬重平纬纱显花织物。这两块织物的花纹图案比较复杂，前者上面织有成串的葡萄和人面兽身怪物，片片绿叶点缀其间，具有典型的新疆风格；后者上面织有龟甲状花纹，中间嵌有红色四朵瓣的小花，是中原地区传统的图案。

毛纺织技术的进步，推动了毛纺织生产的发展。秦以后，毛织品和毛毯这两大类毛纺织产品的产量十分惊人，虽然具体数量史书没明确记载，但下面几件事颇能反映当时的情况。据《太平御览》卷七〇八记载，汉宣帝甘露二年（前52），匈奴呼韩邪单于入京，一次就带来了"积如丘山"的毛织品。《三国志·魏书》记载，魏景元四年（263），魏将邓艾和钟会率大军征蜀，在偷渡剑阁一带尽是悬崖峭壁的阴平道时，遇到险坡，邓艾便"自裹毛毯，推转而下"，众将看后，争先恐后各自拿出随身毛毯依样"鱼贯而进"，军队顺利到达目的地。《晋书·张轨传》记载，晋怀帝永嘉四年（310），京师洛阳地区严重"饥匮"，凉州（今甘肃）刺史张轨派参军杜勋往京师输送毛织品三万匹。《资治通鉴》记载，北周武帝保定四年（564）农历正月初，元帅杨忠领大军行至陉岭山隘时，看到因连日寒风大雪，坡陡路滑，士兵难以前进，便命士兵拿出随身携带的毯席和毯帐等物铺到冰道上，使全军得以迅速通过山隘。上述之事也说明防风、隔潮、保暖性较好的毛织品和毛毯已成为军队必不可少的军用品之一。

在元朝，毛纺织品由于是蒙古民族喜爱的传统服用织物，生产量骤增。为满足需求，元政府设置有大都毡局、上都毡局、隆兴毡局等多处专管毡、罽生产的机构，其中仅设在上都和林的局院所造毡罽，岁额就达 3 250 尺，用毛 1 141 700 斤。据《大元毡罽工物记》记载，当时皇宫各殿所铺毛毯耗费人工、原料非常惊人，仅元成宗皇宫内一间寝殿中所铺的五块地毯，总面积竟达992平方尺，用羊毛千余斤。

明清两代，中原内地和边疆生产的毛毯开始大量销往国外。据《新疆图志》实业志记载，当时仅我国新疆和田地区"岁制裁绒毯三千余张，输入阿富汗、印度等地"。而其他"小毛绒毯，椅垫、坐褥、鞋毡之类，不可胜记"。此外，西藏地区生产的氆氇等毡毯也是当地内销和外销的主要产品。

第四章
古代的棉纺织

棉花是大家熟悉的植物纺织纤维，虽然它在我国普遍应用比之丝、麻纤维要晚得多，但由于它具有许多优异的纺织性能，宋元以后，迅速取代了葛麻纤维，成为和蚕丝一样重要的大宗纺织原料。我国的棉纺织生产是在借鉴和吸收传统丝、麻纺织技术的基础上发展起来的，不仅在技术上有其独特卓越的创造，而且对古代人民物质生活的改善也起了非常重要的作用。

一　宋以前的棉织业

棉花原是一种热带植物，古时称为吉贝、白叠、木棉或梧桐木，用它织成的布称为白叠布。我国利用棉纤维的历史远远晚于葛麻类纤维，迄今可见最早的出土实物，是1979年福建崇安县武夷山白岩崖洞墓船形棺中发现的一块棉布残片。据 C^{14} 年代测定，约属公元前 1420 ± 80 年，树轮校正为距今 3620 ± 130 年，相当于夏末商初时期。除福建出土的这块棉织品外，同时期的实物，尚未有其他发现，这时期的文献中也没有关于棉花的确凿记载。因此对当时棉花的利用情况不是很清楚，不过就这块棉织品而言，应已具备了最初级的棉纤维加工技术。需要指出的是对武夷山棉布的断代，学术界是持有不同看法的，并非全都认同。虽然棉花在我国最初的使用时间现仍无定论，但汉代文献记载和出土的汉代文物都表明我国种植和利用棉花最早是从海南岛、西南和西北地区开始的。

据文献记载，汉代时西南地区云南的棉纺织技术已具有相当水准，当地生产的一种叫"广幅布"的棉布，由于幅宽质优，很受人们的欢迎，并被汉王朝大量征调。《后汉书·南蛮西南夷传》记载了这样一件事：汉武帝（前140～87）后元年间，珠崖（郡府设今海南省崖城）太守孙幸对辖地所产广幅布征收过度，激起了当地人民包括汉族在内的强烈不满，引发了人民起义。愤怒的人群攻占了太守府，杀掉了孙幸。另外，此书"哀牢夷"条记载了云南哀牢山区和澜沧江流域的棉纺织生产情况，书中写道："（哀牢山）土地沃腴，宜五谷蚕桑，知染采、文绣、罽毲、帛叠，蓝干细布，织成文章如绫锦。有梧桐木华，织以为布，幅广五尺，洁白不受垢污"。帛叠即是白叠，蓝干细布是有蓝花的棉布，梧桐木华即是棉花。能利用各种染料，印染出斑斓多彩貌似织锦的棉质花布，说明当时云南少数民族地区的棉纺织技术业已相当发达，并且已有相当长的历史。

1959年发掘的新疆民丰东汉合葬墓中，发现有蓝白印花棉布、粗棉布男裤、粗棉布女用手帕等棉织品，其中有一块蓝白印花布残片长89厘米，宽48厘米，组织为平纹，经线密度为18根/厘米，纬线密度为13根/厘米，仅比目前的市布稍稍厚一些。证明1700多年前新疆就已有了棉织印染业了。当时新疆生产的精细棉布还流入了中原地区,并以鲜洁闻名于世人,魏文帝曹丕曾说:山西黄布以细,乐浪练帛以精,江苏、安徽太末布以白出名,但其鲜洁程度都比不上新疆的棉布。

南北朝时期,兄弟民族与内地的交往日渐频繁,流入内地的棉织品逐渐增多。据《梁书·海南诸国传》记载:仅南海的林邑、阿单罗、于陀利、婆利、中天竺等小国,每年贡给中央王朝的棉织品,数量就相当可观。又《陈书·姚察传》记载:姚察"自居显要,甚励清洁"其门人送姚"南布一端",被姚拒绝,并明言:"吾所衣者止是麻布蒲練,此物于吾无用"。陈在南朝为官,而此布又称之曰"南布",则其必是来自海南诸国的棉布,因其来自远方,非本国所产,故其门人视为珍品而送之。由此可见当时南朝帝王大臣服用棉布衣服者也开始多起来。

在唐代,随着"丝绸之路"的畅通,西北地区生产的棉织品流入中原的数量更是惊人。唐上元年间(760～761),高昌地区为支援唐王朝平定"安史之乱",曾以赊放的方式收集了大批军需叠布运往中原。唐代末年,岭南地区出现了棉织业。《太平广记》记载:文宗时,有一个叫夏侯孜的人,着"桂管布"衫上朝,文宗看了奇怪,问他什么布这么粗涩,他说是桂布,并说此布粗厚可以防寒。看到皇帝关注桂布后,满朝官员们也纷纷购置此布做服装,桂布因此身价倍增。这种"桂管布"就是棉布,因产于广西桂管地区而得名。白居易"桂布白似雪"、"吴绵细软桂布白"的诗句，即是指此布而言。

两宋期间，我国东南闽、广一带棉花种植渐盛，江南一带也开始种植棉花。据史书记载，闽岭南多木棉，当地人竞相种植，有种棉达数千株者。江南种植棉花最早是在松江地区，当时松江一带土地贫瘠，民食不给，遂从闽广引进棉种开展棉植业。由于棉花种植、纺织等工艺技术在江南刚开始不久，轧花、弹花、纺纱、织布等工序还没有像丝织业那样分离开来成为某一手工业者的专门工作，而是自始至终在同一农户中由若干成员共同担任，因此它的生产效率很低，而且只能作为家庭纺织来经营，未引起众多纺织生产者的重视。

宋以前的棉织物实物大部分是在新疆出土的。除前文所述新疆民丰东汉墓曾出土棉织品外，吐鲁番高昌时期（6世纪）的墓葬中出土过丝、棉交织的锦和白棉布；于田县北朝墓葬中出土过用棉布制成的裤褡和蓝白印花棉布。1995年中日尼雅遗址学术考察队在调查过程中发现一处魏晋前凉时期新墓地，据发掘简报称，该墓地出土了一件长7.5厘米，宽5厘米的棉布方巾。由于该项发掘取得了重大收获，还被评为当年全国十大考古发现之一。在吐鲁番阿斯塔那还发现过和平元年（551）借贷棉布和银的契约。从这件契约，可以看到一次借贷棉布达60匹之多。这些出土的实物，印证了当时新疆地区棉植业之普及。1966年浙江兰溪宋墓曾出土一条长2.51米，宽1.6米纯棉制成的棉毯，此毯经纬条干均匀，两面拉毛，细密厚实，印证了当时江南一带确有少量棉织物的生产。

自南北朝至唐宋，虽然有关棉花、棉布的文献记载很多，但由于我国中原地区和江南地区还没有种植棉花，人们对棉花形状的认识，都是得自传闻，所记都不甚确切。有的书将棉花写成高大的树，有的又将棉花写成一种草，分不清棉花究竟是草本植物还是木本植物。如《梁书·林邑传》记载：西南地区有一种叫吉贝的树，开的花如鹅之毳毛，抽其绪织成的布，洁白与纻布不相上下。该书《高昌传》还记载：吐鲁番地区有一种草，结的果实像内地的蚕茧一样，从里面抽出的丝叫白叠子，当地人用它织布。甚至有人将攀枝花误作为棉花，如西晋张勃《吴录》说："交州永昌，有木绵树，高过屋，有十余年不换者，实大如杯，中有绵如絮，色正白，破一实得数斤，可为缊絮。"按文中交州永昌，乃今云南与越南接壤之地。木棉树即攀枝花。由此可见内地人对棉的知识是相当贫乏的。其实棉花分粗绒棉和细绒棉两大类（后者质量优于前者）。粗绒棉属于亚洲棉或非洲棉系统，棉纤维粗而短；细绒棉属陆地棉或海岛棉系统，纤维细长，它们均非我国原产。从《梁书》对吐鲁番地区所产棉花形状的描述推知，当时新疆地区种的棉花是经中亚传入的一年生非洲棉。而西南地区种植的棉花，古称"古贝"或"吉贝"；有人认为是从印度阿萨姆经缅甸的北部传入的多年生亚洲棉。

中国以前也没有"棉"字，只有"绵"字，凡所谓绵，不是指今天所称的"棉"而是指丝绵。随着棉织物的日益增多，为了同蚕茧的"绵"相区别，大约在6至11世纪之间，才演变出现今天的"棉"字。日本的棉花是由中国传去的，因而日语中把棉花写作"木绵"，棉布写作"绵布"。

二 黄道婆对棉织业的贡献

由于棉花"比之桑蚕，无采养之劳，有必收之效；埒之枲苎，免绩缉之工，得御寒之益；可谓不麻而布，不茧而絮"（王祯《农书》语）的优良特性，所以大约到宋末元初，棉花同时由东南、西北两路向长江流域和黄河流域迅速传播开来，并开始得到政府的重视。元代至元十年（1273）颁布的官修《农桑辑要》一书，有令陕西劝种棉花的诏谕，其内容大意是：木棉本是西域所产，近年以来，苎麻种于河南，木棉种于陕右，滋茂繁盛，与原产地无异，当地民众深得其利。根据两地试种效果，责令陕西地区种之。至元二十六年（1289），元政府又在浙东、江东、江西、湖广、福建等地设置木棉提举司，大规模地征收木棉织品，每年达10万匹。到元贞二年（1296），棉布像其他纺织品一样，被正式列入常年租赋中，征收定额也提高到年50万匹。

长江流域的松江府，在元初棉纺织生产发展中，后来居上，超越闽、广以及西北地区，成为全国最大的棉纺织中心。松江棉纺织业的迅速发展是与黄道婆的生产活动分不开的。黄道婆，松江府乌泥泾（今上海龙华镇）人，早年流落崖州（今海南岛崖县），从当地黎族人民那里学到了一整套棉纺织加工技术。成宗元贞年间（1295～1297），年老的黄道婆搭顺道海船从崖州回到乌泥泾。回家乡后，她看到家乡的棉纺织技术十分落后，就根据当地棉纺织生产的需要，总结出一套融合黎族棉织方法和当地原有纺织工艺为一体的完整新技术。她将这套技术广传于人，改变了当地"厥功甚艰"的棉纺织生产状况。一时乌泥泾和附近地方"人既受教，竞相作为，转货他郡，家既就殷"。黄道婆去世后，松江人民感念她的恩德，立祠纪念她。此祠后因战乱被毁，至正二十二年（1362）有人为她重建一祠，并求诗人王逢作诗以为纪念。清嘉庆年间，又有人在上海城内渡鹤楼西北小巷内建一小庙祭祀她。

黄道婆在棉纺织工艺上的重大贡献，可归纳为擀、弹、纺、织四项。

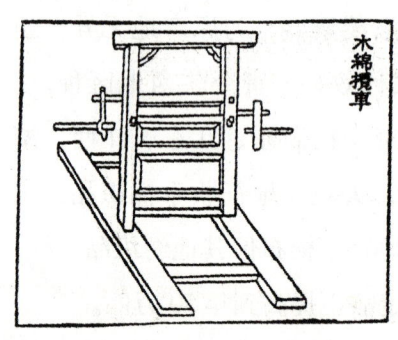

图15　王祯《农书》中的搅车

"擀"是指轧棉去籽。黄道婆以海南黎族的踏车为基础，创造出一种搅车，它的形制如王祯《农书》所记，主要结构为一对辗轴，即一根直径较小的轴，配合一根直径较大的轴。使用时，两人摇轴，一人将棉英喂入两轴之间。利用这两根直径不等，速度不等，回转方向相反的辗轴相互辗轧，使棉籽核和棉纤维分离（图15）。搅车比以前用手剥或铁杖赶搓去籽，效率大为提高，而且"功力数倍"，所以王祯在《农书》中说："凡木棉虽多，今用此法。即去籽得棉，不致积滞。"以后人们又在这种搅车的基础上加以改进，制出仅用一人操作的脚踏搅车。据宋应星《天工开物》介绍，改进后的搅车，出棉量相当可观，每天可轧带籽棉花10斤，出净棉三四斤。

"弹"是指有开松除杂之效的弹棉。黄道婆把原来只有一尺五寸长的线弦竹弓，改为四尺多长的绳弦大弓，把用手拨弦改为以弹椎敲击绳弦。由于用弹椎敲击力大，绳弦振幅大，增强了弹弓对棉的震荡作用，不仅大大提高了开松效率，而且弹出的棉花既蓬松又洁净。到了明代，这种弹弓又有了改进，变为"以木为弓，蜡丝为弦"的木弓。木弓弓背宽，弓身伸展，当弓弦震荡时，接触棉花的空间加大，使弹棉的功效得到进一步提高。这种弹弓于16世纪传入日本，日本人称为"唐弓"（图16）。

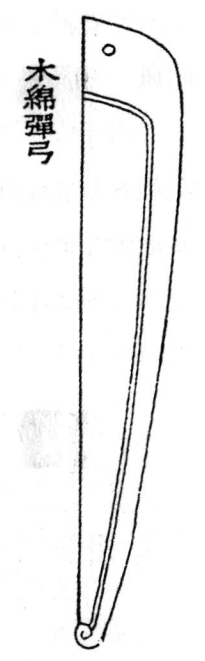

图16 明《农政全书》中木棉弹弓

"纺"指纺纱。在黄道婆之前，松江地区用于纺棉的纺车，都是单锭手摇纺车，用它纺棉，10小时仅得棉纱四两，需要3到4个人才能供应一架织布机的需要。再者其车的原动轮较大，纱锭转速较快，发动起来后棉纱常因牵伸不及或捻度过大而绷断，所以不合适纺棉纱。黄道婆针对这些缺陷,改进了其原有结构。她将其纱锭数增至3枚,并改变其原动轮的规格,使之适当缩小,从而既提高了功效,又解决了棉纱断条问题。这种纺车由于纺棉纱的性能良好,很快就在松江一带得到推广。

"织"是指织布。黄道婆把江南原有的丝麻织作技术和黎族棉织技术融合贯通,总结出一套先进的"错纱、配色、综线、絜花"的织造工艺,使普通的棉布,能呈现出各种美丽的花纹。经她手织出的"被、褥、带、帨,其上折枝、团凤、棋局、字样,粲然若写"。

由于乌泥泾和松江一带人民掌握了黄道婆传授的新工具和新技术,棉织业得到迅速发展,所产棉织物亦因外观、质地皆佳,广传于大江南北。至明代,松江及附近地区以此为生者达数千家,成为全国棉纺织业的中心,并赢得了"松郡棉布,衣被天下"的声誉。

三　棉织业在全国的普及

明代统治者对棉花产业十分重视,除了继续以政令推广棉花种植和棉纺织生产外,还规定有奖惩办法。《明史·食货志》载:朱元璋立国之初即诏令天下"凡农民田五亩至十亩者,栽桑、麻、木绵各半亩,十亩以上倍之。其田多者,率以是为差。有司亲临督勤惰,不如令者有罚。不种桑,使出绢一匹。不种麻及木绵,使出麻布绵布各一匹"。洪武元年（1368）又颁布实物租税："中书省奏，桑麻科征之额，麻亩科八两，木棉亩四两。"前项命令，不分地域，要求农民原则上都要种棉纳棉，如果自然条件不适于植棉也要纳布。迫使不种棉的农民只能买进棉布来完税。后项命令要求每亩的纳税额，种麻者比种棉者高出一倍。种棉比种麻税低一半的政策自然引导了更多的农户种植棉花。《洪武实录》载：洪武二十七年（1394）又令各地农民"若有余力开地植棉，率蠲其税"。所谓棉田免税的例子，就是这次开创出来的。一直到清中叶，江苏太仓的棉田还曾援引赋役全书上棉田免税的先例，得以蠲缓田赋。这些奖励植棉的政策，为棉纺织业提供了大量原料，推动了棉纺织生产的发展。

明政府征收棉花、棉布实物贡赋的地区，据《万历会计录》记载，有山东、山西、河南、陕西、湖广、四川、江西各布政司及南北直隶各府。而各府所辖大部分州都缴纳棉花或棉布，如西安府所辖36个州县，征纳棉布的有30个；重庆府所辖27个州县，征纳棉花或棉布的有17个。征收棉布的数量，据《明实录》记载：洪武年间（1368~1396）每年征收60万匹，永乐年间（1403~1424）增至90万匹，最高达180万匹左右。短短几十年，征收量就增加了数倍，说明到明代中叶时棉织业的生产已遍及全国，出现了宋应星在《天工开物》中所说的棉布"寸土皆有"，"织机，十室必有"的盛况。

明代棉纺织生产最发达的地区在江浙一带，特别是包括上海、青浦、华亭等县的松江区域，当时有"织造尚松江，染色尚芜湖"、"买不尽松江布，收不尽魏塘纱"之说。松江出产的棉织物品种很多，比较著名的有产自三林塘的标布，产自松江西郊的龙墩布，产自邑城的丁娘子布，产自青龙的药斑布等。销路最远最畅的则是三梭布，这种布织造时是仿制织秋罗的织法，在布机上加装软综，每三梭踏起软综一次，使经纱纠转，形成稀路小孔。三梭布由于采用罗组织的结构，特别适于贴身服用，据传明朝的皇帝都是用松江产的三梭布做内衣内裤。

明代还有不少棉织品是仿照丝织品经过提花加工的。如北京历史博物馆所藏明墓出土的松江布头中巾，上面即隐现着织成的本色花纹。再如故宫博物院所藏明代用红、黄、蓝各种色线织成的茶花和方格纹花布，配色简单明快，织法虽不十分复杂，但整齐有规律的几何形图案布局，充分表现出民间工艺质朴淳厚的气息。

清代的棉织业在鸦片战争以前，仍然是以传统的手工生产为主，规模相当大，产量也很高，曾出现多个拥有织机千台、工人数千的大型工厂。所产棉织品除自足外还大量出口，仅19世纪30年代，从广州出口到欧洲、美洲、日本、东南亚等地的棉布，每年达100万匹之多。1819年是我国棉布出口量最多的一年，竟达330万匹。当时英国东印度公司在采购中国棉布时，特别指定要南京附近出产的紫花布，订货量从最初的2万匹，迅速增加到20万匹。所谓"紫花布"具有天然的彩色（非染色所得），是用开紫花的棉花手工纺纱织制的，并因此棉所开花色而得名。这种布当时在英国风行一时，如今人们在伦敦博物馆看到的19世纪30年代英国绅士的时髦服装，正是中国这种紫花布裤子和纺绸衬衫。

四 棉织业发展普及的原因

从一堆堆雪白的棉花到一匹匹光洁细密的白布，要经过初加工、纺纱、织造等工序。其纺纱、织造方法和我国已行之数千年的丝、麻纺织相近。为什么棉纺织生产在宋以前的1000余年的时间里，始终仅局限在边疆，而未在黄河和长江流域广泛传播呢？为什么在宋元之交时棉花生产才得到迅猛发展，最终超越麻、苎成为最重要的纺织纤维？归纳起来主要有下面几方面的原因：

首先，社会原因。宋代人口大幅增多。据记载，唐代户口最盛时为天宝元年（742），户数为8 525 763，人口数为48 909 800。北宋户口最盛时是大观三年（1109），户数为20 882 438。就户数而言，北宋最高户数是唐代最高户数的两倍多，因此，北宋人口较唐代有大幅度提高。南宋户口最盛时是淳熙五年（1178），户数为12 976 123，比唐代也有较大的提高。说明宋代人口的增加是相当可观的，原有的丝、麻、毛等纺织纤维材料已不能满足需要，被迫寻找一种新的更廉价的纺织纤维。人口的增加为已在闽广地区普遍种植的棉花北上奠定了社会基础。

第二，棉花自身的优点。因为棉花比之桑蚕，无采养之劳，有必收之效；比之麻类韧皮纤维，免绩缉之工，所以生产成本较低。另外，植棉比之植麻，对土壤条件要求不高。据近代科学测定，苎麻损耗土地肥力是棉花的16倍，在当年没有化学肥料来补充地力的情况下，苎麻不是什么样的土地都可以栽种的。而棉花则可在各种性质的土地上种植，为不适合种植粮食和其他经济作物的地方带来了发展机会，如松江地区就是靠植棉发展起来的，陶宗仪《南村辍耕录》所载："闽广多种木绵，纺绩为布，名曰吉贝。松江府东去五十里，曰乌泥泾，其地土田硗瘠，民食不给，因谋树艺，以资生业，遂觅种于彼"，便是一例。

第三，棉花绒密轻暖，棉布质柔不板，有优异的御寒功能，可做成棉袍、棉被，替代裘皮毛毯，这是葛麻织物所不具备的。

第四，棉花播种方式的改变以及植棉技术的进步。棉花生产之所以在很长时间都仅局限于边疆地区，其原因如《农桑辑要》"论苎麻木棉"一文所言：当时往往是因为"悠悠之论，率以风土不宜为解"，但实际上是"种艺之不谨者有之，抑种艺虽谨，不得其法者亦有之"，即原本是热带亚热带作物的棉花，向北移植到地处温带的内地，必须在栽种上有一套适应新环境的技术方法。江南地区自引种多年生棉花后，很快便改为一年一种了。据王祯《农书》载：棉花"不由宿根而出，以子撒种而生"，"其种本南海诸国所产，后福建诸县皆有。"说明元代大部分地区所种棉花确系南疆传入的多年生棉种，而且经过多年的选种培育，其品种基本已呈一年生草棉状了。棉花种植方式的改变，对棉花的大普及和多年生树棉品种的蜕变，意义深远。每年撒种，当年生长的棉花植株自然比多年生长的棉花植株低矮许多，使多年生树棉具备了密植和畦作的条件（密植可提高棉花单位面积的产量；畦作既便于田间管理，又便于采摘），而且人们每年还可以刻意选留植株低矮、棉铃饱满的棉种。每年撒种棉花，采用密植和畦作的方法，使棉花单位产量大幅度提高，并促进了多年生棉花向一年生棉花的转化，为棉花在全国范围的普及，取代麻、苎纤维成为最主要的纺织原料奠定了生产基础。可以说每年撒种种植棉花是中国棉纺织发展史上一个非常重要的转折点。

第五，棉花加工技术的进步。棉纺织本来可借鉴若干丝、麻纺织的先进技术来提高生产力，棉花首先要去籽，然后弹松，才能用于纺纱。早期轧花工具太落后，使加工棉纤维成本高，速度慢，远远不能满足后面拥有先进织机的织造工序的需求。而原有的丝、麻纺织，虽然技术很先进，却没有轧花这一工序，无可借鉴的工具，所以很久以来轧花成为阻碍棉纺织生产发展的瓶颈。宋末元初，踏车出现，使已具备纺车、织机的棉纺织手工机具配套起来，阻碍棉纺织发展的瓶颈被打碎，长期处于停滞状态的棉纺织生产才有了突飞猛进的发展。

第五章
古代的纺织机具

在我国几千年的文明史上，纺织生产在整个社会生活中占有极为重要的地位。我国古代人民发明创造的纺织机具，不但数量众多，而且在性能上也有许多独到之处。

一　缫丝、络丝、整经机具

（一）手摇缫车

缫丝是把蚕丝纤维从蚕茧中抽引出来，其工序有：煮茧、索绪、集绪和绕丝等。缫车便是绕丝工序所用机具，其作用是将若干个茧丝并成的生丝收在一起。

缫车发明以前，缫丝时普遍使用的绕丝工具，只是一种平面呈"工"形或"X"形的绕丝架。这种绕丝架在几处古墓中有出土，如江西贵溪属战国时期的崖墓中曾出土过竹木制的绕丝架，其中形似"工"形的有三件，质地为木，通长63~72厘米；形似"X"形的有一件，长36.7厘米，质地为竹。云南江川李家山战国至西汉墓曾出土过一件长22.1厘米、宽21.4厘米的"工"形铜架。秦汉以后，成形的缫车才出现。唐代手摇缫车的使用已非常普遍，唐人诗中有很多有关缫车的描述，如李贺诗句"会待春日晏，丝车方掷掉"，讲等到晴朗的春日里，开始摇动缫车；陆龟蒙诗句"每和烟雨掉缫车"，描述了阴雨天里缫妇忙着摇动缫车的劳动情景；王建诗句"檐头索索缫车鸣"，形容了缫车转动时发出的索索之鸣响。这些诗句都是诗人对日常生活常见事物的描述，而"掉"是摇动的意思，表明唐代缫车是手摇的，且使用相当普遍。宋代手摇缫车得到进一步完善，并出现了有关具体形制的记载。其制据秦观《蚕书》介绍，系由灶、锅、钱眼（作用是并合丝缕）、锁星（导丝滑轮，并有消除丝缕上類节的作用）、添梯（使丝分层卷绕在丝框上的横动导丝杆）、丝钩、丝軠（一有辐撑的四边形或六边形木框）等部分组成。缫丝时需将茧锅的丝头穿过集绪的"钱眼"，绕过导丝滑轮"锁星"，再通过横动导丝杆"添梯"和导丝钩，绕

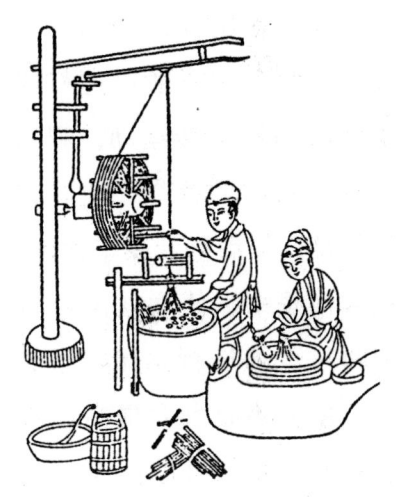

图 17 《豳风广义》中的手摇缫车

在丝軠上。操作缫车须两人合作，一人投茧索绪添绪，一人手摇丝軠。元代初年，生产效率远较手摇缫车高出许多的脚踏缫车开始普及，手摇缫车在各地的使用日渐减少，但由于它结构简单，易于操作，有些对方仍在沿用，故清代《豳风广义》和《蚕桑萃编》两书，仍把手摇缫车作为一种有效的缫丝机具予以介绍（图17）。

（二）脚踏缫车

脚踏缫车出现在宋代，是在手摇缫车的基础上发展起来的，它的出现标志着古代缫丝机具的新成就。脚踏缫车结构系由灶、锅、钱眼、缫星、丝钩、軖、曲柄连杆、足踏板等部分配合而成。与手摇缫车相比只是多了脚踏装置，即丝軖通过曲柄连杆和脚踏杆相连，丝軖转动不是用手拨动，而是用脚踏动踏杆作上下往复运动，通过连杆使丝軖曲柄作回转运动，利用丝軖回转时的惯性，使其连续回转，带动整台缫车运动。用脚代替手，使缫丝者可以用两只手来进行索绪、添绪等工作，从而大大提高了缫丝效率。元代脚踏缫车有南北两种形制，从王祯《农书》

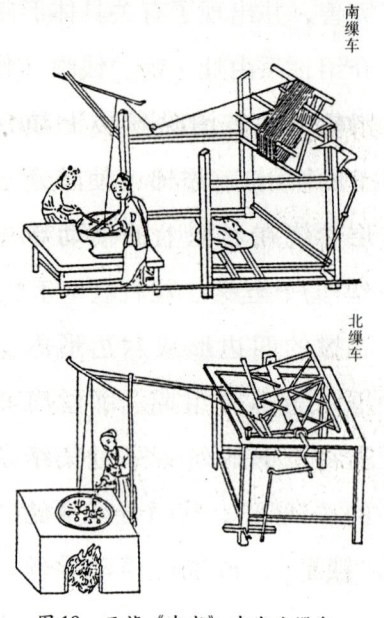

图18　王祯《农书》中南北缫车

所绘南北缫车图来看，北缫车车架较低，机件比较完整，丝的导程较南缫车短，可缫双缴丝，而南缫车只能缫单缴丝。这两种车效率虽高，但缫丝者都是背对丝灶站着操作，劳动强度偏大，对丝軖卷绕情况的观察也不是太好。因此，在明代的时候又出现了一种坐式脚踏缫车，这种车缫丝者是坐于车前，面对丝軖工作，克服了元代缫车的缺陷。

脚踏缫车的劳动生产率高于手摇缫车，至使它出现不久，很快就取代了手摇缫车，成为主要的缫丝工具，也就是说很多手摇缫车逐步都加装了踏板和连杆，而变成了脚踏缫车。这个过程的完成应不晚于元代初年，因为元代及以后的著作中，大多是脚踏缫车的图像和记载（图18）。

（三）丝籰

丝籰是古代的络丝工具，汉代《方言》中叫做"榬"。《说文解字》解释为"收丝者也。"王祯《农书》称之为"籰"，解释为"必窍贯以轴，乃适于用。为理丝之先具也"。丝籰的作用相当于现代卷绕丝绪的筒管。但两者的形制是完全不同的。它的结构和用法是两根或六根竹箸由短辐交互连成，中贯以轴，手持轴柄，用手指推籰使之转动，便可将丝线绕于籰上。丝籰虽是一种简单的机具，但它的发明大大加速了牵经络纬的速度（图19）。

图19　晋代丝籰

（四）络车

络车是将缫车上脱下的丝绞转络到丝籰上的机具，它有南北络车之分（图20，图21）。关于络车的记载，《方言》有"河济之间，络谓之给"。郭璞注"所以转籰给事也"。《说文解字》有"车枢为柅"。《通俗文》有"张丝曰柅"。这里的"柅"南北络车通用，是张丝绞的装置，由竖

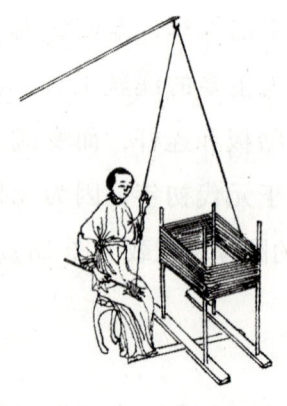 

图20 《农政全书》中南络车图　　图21 《蚕桑萃编》中的北络车图

立地面上的四根木棍,或者由每两根一组下装底座的木棍组成。王祯《农书》对北络车的构造和用法记载得比较详细,其文译成白话是:将缫车上脱下的丝胶,张于柅上,柅上作一悬钩,引丝绪过钩后,逗于车上。其车之制,是以细轴穿籰,放于车座上的两柱之间。两柱一高一低,高柱上有一通槽,放籰轴的前端,低柱(上有一孔)放籰轴的末端。绳兜绕在籰轴上,手拉绳一引一放,则籰轴随转,丝于是就络在籰上了。宋应星《天工开物》则对南络车的构造和用法记载得较具体,其文译成白话是:在光线好的屋檐下,把木架铺在地上,木架上插四根竹竿,名叫"络笃"。丝套在四根竹上。络笃旁边的立柱上八尺高处,斜安一小竹竿,上面装一个月牙钩,丝悬挂在钩内。手拿籰子旋转绕丝,以备牵经卷纬时用。小竹竿的一头坠石,成为活头,接断丝时,一拉绳小钩就可落下。对比两书记载,南北络车都用张丝的"柅"和卷绕丝线的"籰",但丝上籰的方式两者却是大不相同。北络车是用右手牵绳掉籰，左手理丝，绕到籰上；南络车则是用右手抛籰，左手理丝，绕到籰上。由于北络车转籰动作采取了机械方式，丝籰旋转速度快而稳，所以它的生产效率和络丝质量远较南络车为优，古人所谓"南人掉籰取丝，终不若络车安而稳也"的评论，正是对此而言。

（五）整经工具

整经是织造前必不可少的工序之一，其作用是将许多籰子上的丝，按需要的长度和幅度，平行排列卷绕在经轴上，以便穿筘、上浆、就织。古代整经用的工具叫经架、经具或絪床，整经形式分经耙式和轴架式两种。

经耙式整经是古代整经的主要形式，它出现的年代较早，但有关的图文记载却是在元代及以后才有。根据这些记载，经耙式牵经工具的整体结构大致是由溜眼、掌扇、经耙、经牙、印架等几部分结合而成（图22）。溜眼为竹棍上穿的孔，作导丝用；掌扇为分交用的经牌，也称"扇面"；近似现代的分交筘；经耙为钉着竹钉或木桩的牵经架子；经牙为架子上的竹钉，它的数量多寡，视整经长度而定，经轴上经线卷绕长度长，经牙就要多；印架为卷经用的架子。整经时，首先排列许多丝籰于"溜眼"的下面，把丝籰上的丝分别穿过"溜眼"和"掌扇"，而总于牵经人之手。理捊就绪，再交给另一个牵经人，该人来回交叉地把丝缕挂于经耙两边经牙上，直到达到需要的长度后，将丝缕取下，卷在印架上。卷好以后，中间用竹竿两根把丝分成上下两层，然后穿过梳筘与经轴相系。如要浆丝，就在此时进行，如不浆丝，就直接卷在经轴上。古代这种经耙式整经方式与近代分条整经十分相似，很可能就是分条整经的前身。

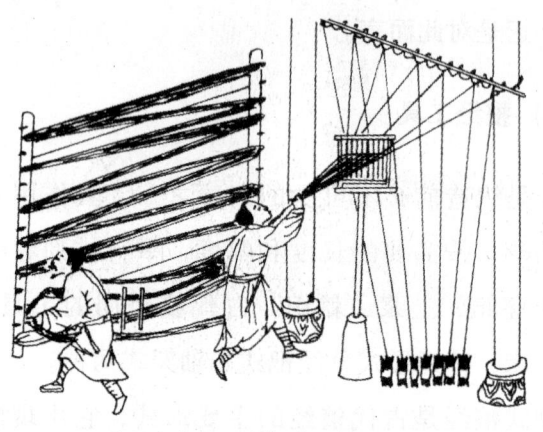

图22　《天工开物》中经耙式整经图

轴架式整经工具始见于楼璹《耕织图》中，尽管楼图过于简单，但表明至晚在南宋时就已普遍使用这种整经工具了。其后元代的《农书》、明代的《农政全书》、清代的《豳风广义》等一些书籍记载得较为详尽，使我们可以知道它的全貌。根据这些记载，轴架式整经是将丝䈅整齐排列在一有小环的横木下，引出丝绪穿过小环和掌扇绕在经架上（经架的形制是两柱之间架一大丝框，框轴处连一手柄）。一人转动经架上手柄，一人用掌扇理通纽结经丝，使丝均匀地绕在大丝框上后，再翻卷在经轴上（图23）。这种经具与经耙式相比，不仅产量高、质量有保证，而且对棉、毛、丝、麻等纤维都适用,故一直习用至近代。它的工作原理与近代大圆框式的自动整经机完全一致。

图23 《农书》中轴架式整经图

二 纺纱机具

(一) 纺坠

将松散的纤维拧成线条并拉细加捻成纱的过程叫纺纱,我国最早用于纺纱的工具是纺坠。

关于纺坠的具体出现时间,现在已无从查考。不过在河北磁山遗址的考古发掘中已有纺坠的主要部分——纺轮出现，说明至迟在距今7000多年前就已有了纺坠。在距今5000多年前的浙江河姆渡遗址、陕西西安半坡遗址、姜寨遗址等处，都有大量石制或陶制纺轮出土，更表明纺坠已成为当时主要的纺纱工具了。

从古代这些遗物看，纺坠有单面插杆和串心插杆两种形式（图24）。它们都是由纺轮和轮杆两部分组成。轮杆一般用木、竹或骨制成。比较早的只是一根直杆，战国以后，出现了顶端增置铁制屈钩的轮杆。纺轮一般是用石片或陶片经简单打磨而成。早期的纺轮其形式有扁圆形、鼓形、算珠形、梯形等，直径大都在五六厘米，重量在50～150克之间。随着纺织技

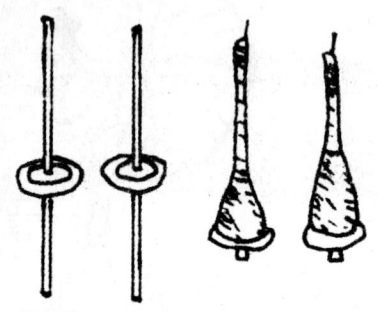

图24　单面插杆和串心插杆纺坠

术的发展，对纱线细度要求逐渐提高。稍晚的，大都是用黏土专门烧制而成的，其形式趋于轻薄，侧面呈扁平状或梭子状，直径略有缩小，重量在15～60克之间，有的还加以纹饰和彩绘。

纺坠的结构看起来很简单，但它的工作原理却很科学。它巧妙地利用物体自身的重量和它旋转时产生的力偶作功，使乱麻似的纤维被牵伸加捻，撮合成纱线。纺轮的外径和厚重，是决定成纱细度的关键。外径和重量较大，转动惯量也比较大，纺成的纱较粗；外径适中，重量较小，厚度较薄的，转动惯量虽小，可转动延续时间较长，因而成纱

较细且比较均匀。这也是早期的纺轮较之晚期厚重的原因之一。

出土纺轮上的彩绘,多为红褐色,少量为黑色或黑褐色,以直线、弧线或卵点纹组成同心圆、辐射线等图案(图25)。这种装饰,其目的不仅是为了好看,而且是为了在旋转加捻时比较容易判断捻向,起到匀捻作用。

图25 出土纺轮彩绘示意图

纺坠的使用方法有掉锭法和转锭法两种。掉锭法所用的纺坠是单面插杆式,纺纱时先将要纺的散乱纤维放在高处或用左手握住,再从其中抽捻出一段缠在轮杆上端,然后用右手拇指、食指捻动轮杆,使纺坠不停地在空中向左或向右旋转,同时不断地从手中释放纤维。就这样,纤维在纺坠的旋转和下降过程中得到了牵伸和加捻,待纺到一定程度,把已纺的纱缠在轮杆上。如此反复,直到纱缠满轮杆为止。纺坠顺时针转动成 Z 捻纱,反之成 S 捻纱。

转锭法所用的纺坠是串心插杆式,因它的轮杆较之前者要长得多。使用时,纺坠不是悬吊在空中,而是倾斜地倚放在腿上,用手在腿上搓捻轮杆,使纺坠转动。由于转动空间的局限性,所纺的纱均为 S 捻。近代山西个别地方、云南白族、西藏藏族还保留了这种纺纱方法。

纺坠的出现，给原始社会的生产带来了巨大变革，是我国纺纱工具发展的起点。

（二）手摇纺车

用纺坠纺纱时，由于人手每次搓捻轮杆的力量有大有小，使得纺坠的旋转速度时快时慢，纺出的纱线极不均匀。而且用手搓动轮杆一次，纺坠只能运转很短的一段时间，纺出很短的一段纱。随着织造工序对纱线需求的骤增，纺坠效率低的缺陷越来越明显，使得人们不得不创造新的纺纱工具来替代，于是在人们生产实践中，手摇纺车便应运而生了。

纺车最早出现在什么时候，现在还无法确定。长沙曾出土过一块战国时代的麻布，其经线密度每厘米28根，纬线密度每厘米24根，比现在每厘米经纬各24根的细棉布还要紧密。这样细的麻纱，用纺坠是纺不出来的，只有在纺车出现之后才有可能。据此推测，纺车大约在战国时期就已出现。

古时纺车也称为軖车、纬车或繀车，这除了与各地方称呼不同外，主要和纺车的不同用途有关。有的纺车用于并捻合线，有的用于络纬，也有的用来加捻牵伸。较早的纺车形制图像均见于汉代。1976年山东临沂银雀山西汉墓出土的一块帛画上，画有一名妇女操纵手摇纺车的形象。1952年山东滕县龙阳店出土的一块汉画像石上面，刻有几个形态生动的人物，正在纺车、织机和络车旁操作。除了上述两种文物之外，还发现许多汉画像石上边刻有纺车。出土的这些汉画像石，充分展示了汉代纺织生产活跃的景象，从中我们可以看出，纺车在汉代的应用已相当普及，也有理由推断纺车的出现应该远在汉代之前。

古代常见的手摇纺车是由木架、锭子、绳轮和手柄四部分组成（图26）。木架是由连接在一起的右大左小呈凵形

图26　古代纺车图

的两个木框构成。锭子是用竹或木制成，它的一端穿插在左侧小木框两柱之间，另一端伸出木柱之外。柱内一端外套从绳轮过来的绳弦，柱外一端外套竹管或芦管，纱线绕上后就成为纡子。绳轮的结构，是以竹片或木片两条，圈成两个圆环，两者相距20~25厘米，分别用竹或木为辐撑于轴上，再用绳索在两竹环之间交叉攀紧成鼓状。绳轮的直径，视所纺纤维而定，一般在60~150厘米之间。它架放在右边的木框上，外面套着和锭子相连的绳弦，配着和轮轴相连的手柄。另外，还有一种锭子装在绳轮上面的手摇

多锭纺车。这种纺车较早形制见于宋人《女孝经图》和《纺车图》（图27），从图中看，纺车的轮轴柱上固定有一块星形木板，锭子就装在上面并从反面伸出，也是用绳弦将绳轮和锭子相连。由于锭子安装方向和手柄相反，故操作时需二人配合；一人手摇木轮，带动锭子回转，一人在前面用手导引纤维。它与前文所记纺车相比，受加捻牵伸的线段较长，所以一般多用来加工质量要求高或捻度较大的纱线。

图27　北宋·王居正《纺车图》

与纺坠相比，手摇纺车除了有较高的生产效率外，还可以根据所纺纱线的使用特点，高质量地加捻并合出粗细要求不同的丝或弦线。1972年长沙马王堆汉墓出土了一种名叫汉瑟的乐器，上面有用多根生丝合股加捻制成的25根瑟弦。这些弦被三条尾岳分为三组，即外九弦、中七弦和内九弦，其中最粗的直径有1.9毫米，逐次递减到最细的0.5毫米。为发出准确而协调的音律，每根弦都加工得极为均匀，如果不用纺车之类的纺纱工具，是很难加工到这样程度的。

手摇纺车由于具有结构简单，易于操作的特点，自它出现以来，就一直被我国各族人民广泛利用，即使普遍使用脚踏纺车后，它也没有被淘汰，一直流传至今。

(三) 脚踏纺车

脚踏纺车是在手摇纺车的基础上发展起来的，它和手摇纺车的功能虽然相同，但前者在结构上有了改进。脚踏纺车的原动力来源于脚而不是手。脚使出的力通过增添的踏杆、凸钉和曲柄等传动机件，带动绳轮和锭子，作连续的圆周运动，从而使纺妇原来用于摇动纺车的右手解脱出来，改用双手进行纺纱或合线的操作。脚踏纺车不仅弥补了手摇纺车因只用一只手从事纺纱工作，难以很好地控制细短纤维，如丝絮或短丝，纺纱时纤维易相互扭结，造成纱粗细不匀的缺陷，也使得生产效率大幅度地提高。

图28 《列女传》"鲁寡陶婴"配图上的三锭脚踏纺车

脚踏纺车的最早出现时间还有待查考，在现在能见到的古文献中，有关它的最早资料是公元4到5世纪的我国东晋著名画家顾恺之为刘向《列女传·鲁寡陶婴》画的配图（图28）。原图虽已失传，但历代均有《列女传》翻刻本可据。其后，在元代王祯《农书》，明代徐光启《农政全书》，清代褚华《木棉谱》里，也分别出现了三锭脚踏棉纺车和五锭脚踏麻纺车，证明脚踏纺车自东晋时起一直都在广泛使用。

从各部古书所画脚踏纺车的图形来看，各种纺车除绳轮直径和锭子数稍有差别外，形状结构基本相同，都是由纺纱和脚踏两部分机构组成。纺纱机构和手摇纺车相似，有锭子、绳轮和绳弦等机件；脚踏机构有曲柄、踏杆、凸钉等机件。曲柄装在绳轮的轮轴上，由一个短连杆和下边脚踏杆的左端连接。脚踏杆的偏右端则和凸钉衔接在一起。当脚踏杆左右两边交替着被双足踏动的时候，踏杆以凸钉支点为分界的动力臂沿相反方向作圆锥形轨迹转动，并通过曲柄带动绳轮和锭子作逆时针方向转动，完成加捻牵伸工作。

纺车上绳轮直径的大小，锭子数的多寡，是由所纺纤维性质决定的。如不需牵伸的麻纤维，在并捻合线时，轮径可尽可能地增大，锭子数可多至五枚；而纺棉时锭速和锭子数受纤维充分牵伸条件的限制，不能过高，故轮径较小，锭子数最高为三枚。黄道婆改革纺车使之适于纺棉，就是从改变轮径和锭子数着手的，王祯《农书》将纺车分为纺棉的木棉纺车和纺麻的小纺车也是出于这个原因。

（四）大纺车

唐宋时期，由于社会经济和商品贸易有了较大的发展，社会对纺织品需求量大大增加，出现了许多脱离农业生产而专门从事手工纺织生产的劳动者。用原有的手摇纺车和脚踏纺车纺纱已经不能满足市场需要和专业化生产，如何提高纺纱生产率成为社会提出的一个亟待解决的技术问题,于是在各种传世纺纱机具的基础上,逐渐产生了一种有几十个锭子的纺麻大纺车。这种纺车的起源及创制情况,在古文献中缺少明确的记载,它的形制直到元代才被收录在王祯《农书》里。应该指出的是,古代一项技术从产生到广泛应用,一般都要经过一段相当长的时间,从王祯所说"中原麻苎之乡"皆使用大纺车的情况来看,它的出现时间可能在北宋或更早一些。

关于大纺车的结构,在王祯《农书》中有文字说明和附图。虽然书中文字过于简单,附图亦失其真,不能很好地反映大纺车的原貌,但我们仔细分析一下,仍可大概地窥知其面目。

大纺车的结构可分为加捻卷绕、传动和原动三大部分。加捻卷绕部分由车架、锭子、导纱棒和纱框等机件构成,32个锭子基本上还是按照脚踏纺车的原理,采用绳弦集体传动方式来带动旋转的;传动部分由传动锭子和传动纱框组成,它们是完成加捻和卷绕麻缕的主要机件;原动部分随采用的原动力种类不同,而略有差异。最初出现的大纺车是用人力摇动的,原动机构是一个和手摇纺车绳轮相同的大圆轮,轮轴端也装有一个用于摇转的曲柄,只是圆轮直径比之手摇纺车的绳轮要大得多,需要专人用双手来摇动。由于人力摇动大纺车是一种繁重的体力劳动,因此后来在水力资源丰富的地区,又出现了以水力作为原动力来驱动大纺车。水力大纺车的原动机构是一个直径很大的水轮,它和大纺车旁侧的竹轮以木轴相连,当河流之水连续不断地冲击木轮上的辐板时,水轮旋转,从而也带动竹轮跟着旋转,使大纺车运转起来(图29)。

图29　王祯《农书》中的水力大纺车

大纺车特别是水转大纺车不同于原有纺车的特点:一是锭子数多达几十枚;二是加捻和卷绕同时进行;三是利用自然力驱动。

前两点使大纺车具备了近代纺纱机械的雏形,适应大规模的生产。我们知道一般纺车在进行加捻和卷绕时,纺工需手持纱缕一端,让纱缕的另一端绕于锭杆前端,即被纺纱缕的两端处于手和锭杆的控制中,也就是在加捻过程中,这段纱线两端的位置是固定的。锭子旋转,纱线被加捻后,依靠锭子的反转,让绕于锭杆前端的纱缕退绕下来,再转动锭子,把加过捻的纱缕用手送绕在纱管上。显然锭子的工作一会是加捻,一会是卷绕,加捻和卷绕是分开交替进行的。大纺车则不是这样,它把加捻和卷取糅合起来一并进行。大纺车的锭子专门负责加捻,卷绕则由纱框完成。运转前，需要将纱缕预先绕在纱管上，并将纱缕头端绕上纱框。运转时，锭子与纱框同时转动，锭子转速比纱框快得多，纱缕在被卷上纱框的过程中被加捻。由于加捻与卷绕的速度有固定的速比，且是无间歇的连续运转，大纺车的加捻卷绕速度和质量自然比一般纺车要快和均匀。其效率，以 32 锭纺麻大纺车为例，直观的计算，它的产量相当于 32 架单锭纺车，5.4 架 5 锭纺车。实际上，并不仅止于此，如再加上连续工作，即加捻、卷绕同时进行而争取的有效时间，其产量比前述的还应提高三分之一。原来手摇纺车或脚踏纺车每天最多纺纱 1~3 斤，而大纺车一昼夜可纺 100 来斤，纺绩时需集中多家的麻才能满足它的生产能力，所以当时许多农家都将绩成的麻缕送到有大纺车的作坊，请其代为加工，而节省出大量劳力。

后一点是我国古代将自然力运用于纺织机械的一项伟大发明。据王祯《农书》记载，水转大纺车在"中原麻苎之乡，凡临流处多置之"，说明我国在 13 世纪时已经普遍应用这种纺纱机械了。而欧洲出现和使用类似的纺纱机械的时间却是相当晚的。马克思曾以德国为例，在《资本论》第一卷第十三章论述欧洲较早的纺车："在德国，起初有人试图让一个纺纱工人踏两架纺车，也就是说要他同时用双手双脚劳动，这太紧张了。后来有人发明了脚踏的双锭纺车，但是同时纺两根纱的纺纱能手，几于像双头人一样罕见。"这就是说欧洲 18 世纪以前使用的纺车都是单锭的，双锭的虽然也出现过，却找不到能操作的人，无法推广。

欧洲最早的畜力纺车是 1735 年约翰·怀特（John Wyatt）发明的驴力纺车。最早的多锭纺车是 1764 年英国哈格里沃斯（Jame Hargreaves）发明的珍妮纺车（最初为 8 锭，后来逐渐增多至 20～30 锭）。最早的水力纺车是 1769 年英国人瑞恰德·阿克莱（Richard Arkwright）在珍妮纺车的基础上创制出的水力纺机。

（五）大型丝纺车

元以后，由于大纺车只能对纤维进行加捻和卷绕，不具备牵伸功能，无法完成牵伸引细纱条的任务，不适于棉纺的需要，所以在棉花逐渐向全国普及，麻布在平民衣着中的主要地位开始被棉布取代的情况下，麻纺织生产大幅度萎缩，用者始渐减少。但具备了近代多锭纺纱机械雏形，适应大规模生产的大纺车并没有彻底退出纺织生产舞台，而是被加以改进成结构更加精妙、锭子数更多、能满足丝织工艺要求的高效大型丝纺车。

大型丝纺车有水纺和旱纺两种类型。对这两种类型，卫杰在《蚕桑萃编》一书中都有所论述，并附有图谱（图 30）。据此书说：江浙丝织业使用的都是水纺型，亦称之为"江浙式"；四川丝织业使用的都是旱纺型，亦称之为"四川式"，并说江浙丝和四川丝之所以精美，都与使用这种纺车有关。实际上这两种类型纺车的使用范围，并非像卫杰所说的那样绝对，在这两地是相互通用的，只是在使用比例上，江浙用水纺的多，四川用旱纺的多。

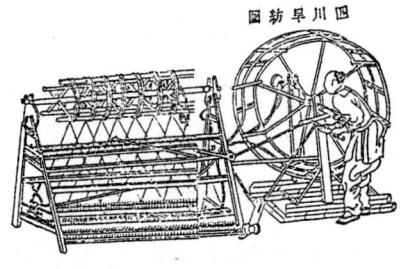

图30 《蚕桑萃编》中的大型丝纺车图

水纺车和旱纺车的结构基本相同，都是由机架、出纱、绕纱和传动四部分组成。其差别就在于它们的加湿附加装置，即《蚕桑萃编》所说水纺车的水鼓辘和压水捻及旱纺车的水淋竹和搅丝竿。水鼓辘和压水柱位于机架前后两面的地附上，系两个竹槽及两根竹竿，长均略长于机架。竹槽中满贮清水，压水柱横置于水槽之内；水淋竹和搅丝竿是两片竹和两根竹竿，亦均略长于机架。水淋竹上覆盖用水浸过的湿毯，搅丝竿压于水淋竹之上，分位于水鼓辘相同的部位。这两种装置的用途显然完全相同，都是为了去除丝线表面的灰尘和增加丝线的湿润度，就如《蚕桑萃编》所言：

（水纺车）纺以水名，重淘洗也。因潮重风燥，水性带泥，浊尘易沾，故倒经必过水盆，摇经必过水鼓，所以倒洗三次，摇洗亦三次。是纺中洗经则易净，经必湿纺则愈紧。色自鲜亮。

（旱纺车）纺而曰旱，用水少也。因天气温和，水不加泥，室不起尘。以细毡片泡水，搭于水淋竹上，令经丝擦过，所以去尽污浊，而求纯洁。愈湿愈净愈紧練也。色自鲜亮。

《蚕桑萃编》还记载了大型丝纺车的使用情况，该书卷十一云："纺丝之法，惟江、浙、四川为最精。东、豫用打丝之法，山、陕、云、贵亦习打丝法，以一人牵，一人用小转车摇丝而走。"可见当时纺丝大纺车只是在江苏、浙江、四川等少数几个丝织业发达的省份，其他地方都是用露地桁架来合线。究其原因，亦应与全国各地普遍种植棉花有关，因为当时"北至幽、燕，南抵楚、越，东游江、淮，西及秦、陇，足迹所经，无不衣棉之人，无不宜棉之土。"江、浙、四川丝纺织业的规模虽然亦大不如前，但仍是全国传统的丝纺织品的主要产区，其丝织技术一直处于全国领先的地位，并且涌现出不少专以蚕织生产为主的城镇，兼之这些地区还设立有许多专门织作高档精美丝织产品的官营织染局。正是由于规模化生产需要高效率的丝加工机具，所以丝纺织业专用的大型丝纺车才在这些地区广为应用。

另据调查，直至20世纪70年代，纺丝大纺车在湖北江陵仍可看到。

三 织造机具

(一) 原始织机

我国在远古时是以"手经指挂"来完成"织纴之功"的(《淮南子》)。所谓"手经指挂",是将一根根纱线依次绑结在两根木棍上,再把经两根木棍固定的纱线绷紧,用手或指像编席或网那样进行有条不紊的编结。后来由于纤维加工技术有了显著进步,加工出的纱线日渐精细,再用"手经指挂"的方法编结,不但费工而且柔软的纱线极易纠缠在一起,给操作带来困难。于是我们的祖先又发明出具有开口、引纬、打纬三项主要织造运动的原始织机。1975年,在浙江余姚河姆渡新石器遗址第四文化层中,除出土了木制和陶制的纺轮外,同时还出土了许多原始织机的机件,如打纬的木刀、骨刀、绕线棒及大大小小用于织造的木棍,印证了我国在距今6000多年前就已经使用原始织机的事实。

原始织机的具体形制目前虽还缺乏更多的实物依据,但是根据河姆渡出土的原始织造工具,参照少数民族保存的同类型的原始织造方法,我们不难推测出这种织机的大体构造和使用方法。原始织机的主要组成部件有:前后两根相当于现代织机上卷布棍和经轴的横木,一把打纬刀,一个引纬的纡子，一根直径较粗的分经棍和一根较细的综杆。织造时，织工席地而坐，将经纱的两端分别绑在两根横木上，其中一根横木（卷布轴）系在腰间，另一根由脚踏住，靠腰背控制经纱张力，利用分经棍形成一个自然梭口，用纡子引纬，砍刀打纬。织第二梭时，提起综杆，使下层经纱变为上层，形成第二梭口，立起砍刀固定梭口，纡子引纬，砍刀打纬。织造就是这样不断交替循环往复进行的。

在云南晋宁石寨山遗址出土的一个贮贝器盖上，铸有一组古代少数民族妇女用原始织机织布的塑像。像中妇女身着对襟粗布衣，席地而织。她们有的正在捻线，有的正在提经，有的正在投纬引线，有的正在用木刀打纬，塑像形态十分逼真，我们从中可形象地看到用原始织机织布的全过程（图31）。

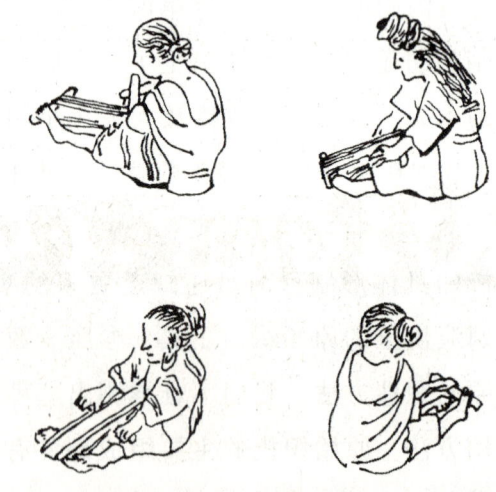

图31　云南晋宁石寨山出土铜铸盛贝器上的织妇示意图

原始织机虽然简单,只有那么几根木棍,却包含了近代织机的几项主要运动,并能成功地织造出简单布帛。它的出现不仅使原始织造技术得到重大改进,也为后世各种织机的出现奠定了基础,因此可以说它是现代织机的始祖。

(二) 斜织机

斜织机是一种带有脚踏提综装置的纺织机。它最早出现在什么时候,目前尚缺乏可靠的史料说明。有学者根据史书记载,战国时期诸侯间馈赠的布帛数量,比春秋时高达百倍的现象以及近些年来各地出土的许多刻有斜织机的汉画像石等实物史料,推测斜织机的出现至少可追溯到战国时代,到汉代黄河流域和长江流域的广大地区已普遍使用。

汉画像石所刻斜织机是现在我们能看到的最早图像资料。这种汉画像石共发现九块,其中江苏铜山县洪楼和江苏泗洪县曹庄出土的两块画像石中都有"曾母投杼"故事图(图32),内容是讲春秋时孔子的学生曾参幼年时遇到的

图32 江苏泗洪县曹庄东汉画像石

一件事。有一天曾参的母亲正在织布，有人进屋告诉她曾参杀了人，曾母起初不信，但后来经不住人们接二连三地告知，于是误信了，并生气地将手中的杼子掷在地上教训儿子。图中坐于机内，转身作训斥状的人即为曾母，拱手跪于落杼旁的是曾参。这些难得的刻有经典故事的汉代装饰石砖，是我们了解古代家庭纺织生产情况及早期斜织机结构极为重要的资料。汉画像石上斜织机的机架、经面、脚踏提综板和系置提综杆的前大后小形似"马头"的部件，都刻画得十分清楚，从中可窥其大致形状，但由于它上面没有画出综框和筘，也看不清踏杆是如何传动综框运动的，为此我们借助于许多学者的研究成果将其复原出来（图33）。

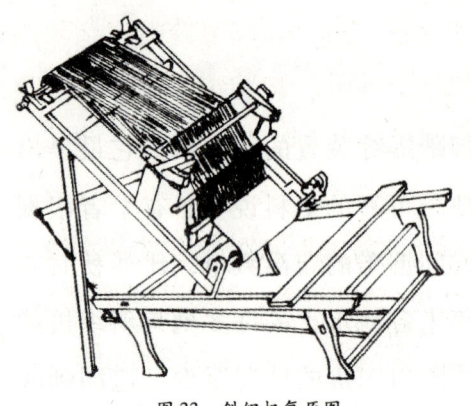

图33 斜织机复原图

从学者复原图看，汉代斜织机的机身分为机座和机架两部分。机座前端设有坐板，后端斜接着长方形机架。机架后端安置的两根撑柱，使机架和水平机座成50度到60度角。机架是一长方形木框，上端设有一根汉代称为"滕"的经轴，下端设有一根被称为"𣝣"的卷布轴。经轴和卷布轴上还各设有一用以控制送经量和卷布量的轴牙。机架中间两侧各装一根"立叉子"，其上端装有形似"马头"状的提综杆，活套于一根中轴上。"马头"前端系着综框，后端装有一根用于将经线分为上下两层的分经木。机座下有两个长短不一的脚踏杆，长者连结一提综杠杆，通过"马头"控制综片的提升，短的二根与综片下端相联结。织造时，织工坐在机上，踩下长踏杆，力量沿杆传到提综马头的杠杆部分时，马头前倾上跷，连系底经的综框立即将底经提高到原面经的位置之上，同时，中轴也相应地向下压迫面经，形成一个三角形的梭口，这时便可进行投梭送纬、竹箸打纬的工作了。当这一工作完成后，脚即离开长踏杆，而踩下短踏杆，使综框下降，底经失去拉力，恢复到原来的形状，与此同时，"马头"前端靠自重下垂，使面经也恢复到原来的形状，准备接受下一个开口运动。如此往复，织品就"缕缕而成之，寸寸而积之"了。当织好一段布帛后，可一边扳动经轴一端的轴牙放经，一边转动卷布轴一端的轴牙张紧经纱，继续织造。

　　汉代这种普通织机构造虽然简单、原始，且尚未发展到更进步的平机形式，但比较它同时代罗马的那些竖机、平地机等织机来，无论是在构造上，还是在织造技巧与速度上，无疑地都优越得多。连许多外国学者也认为它是当时世界上最先进的织机。

　　汉以后，经隋唐几代的改进和提高，斜织机得到了进一步完善。待至宋元时期，此机已完全定型，其形制基本上和近代农村使用的布机相同。元以后有关斜织机的文献记载比较多。如元代《梓人遗制》、《农书》，明代《天工开物》、清代《蚕桑萃编》等书，对斜织机的构造均有明确描绘。从以上各书所附斜织机的配图来看，后世织机的结构，除机身宽度、经面倾角外，筘的安置也和早期的略有差异。如王祯《农书》中的"卧机"，打纬的竹筘是利用弯竹竿挂着，借助弯杆的弹力打纬；"布机"是将竹筘连接叠助木，即推筘的重型摆杆上，借助摆杆及其上所加重量的惯性力打紧纬纱。

斜织机和原始织机相比，有几项大的改进。一是它配备了机架，经面和水平机座成 50～60 度的倾角，织工可一目了然地观察到开口后经面是否平整、经线有无断头。二是织工坐着操作，而且用经纱导棍和织口卷布轴来代替腰力控制纱线张力，在一定程度上减轻了织工的劳动量。三是用梭子和竹筘送纬打纬，既提高了织造速度，又较好地控制了布幅宽度。四是用脚踏提综的开口装置，使双手解脱出来，更有效地运用于引纬和打纬上。斜织机上脚踏提综装置是织机发展史上一项较为重要的发明，它的出现不仅使织造效率和质量有了大幅度的提高，对纺纱技术的进步也产生了相当大的影响，如脚踏纺车就是受其启发而创造出来的。

（三）立织机

织机可根据经面角度分成不同机式，中国古代主要采用水平和斜织两式，但也曾出现过立机，只不过它的使用远不如斜织机和水平机普遍。立织机的经纱平面垂直于地面，也就是说形成的织物是竖起来的，故又称为竖机。古代有关立织机的记载不是很多,现在能看到的最早记载是在敦煌遗书收录的契约文书里。这些契约文书的年代约在唐末五代之间,其上记载了不少立机织品的名称和数量,从上面提及的"立机"、"好立机"、"斜褐"、"立机绁"等名目以及敦煌莫高窟五代壁画中出现的立机图像来看,这段时间新疆地区已普遍使用立机织制地毯、挂毯、绒毯等毛织品和一些粗纺棉织品。宋元时期,立织机传入内地,山西省高平县开化寺宋代壁画的立机图像,元书《梓人遗制》所载山西立机图制,说明立机在山西境内的某些地方是很常见的。明清时期,立机因其经轴位于织机上方,更换不便,不能加装多片综织造,只能用于生产一些平纹织品,不能织制花色织物,打纬作上下运动,较难掌握纬密的均匀度等缺陷,不但没有得到进一步普及,就是在一些使用地区也被逐渐淘汰了。

元代薛景石《梓人遗制》一书中不仅绘有立机零件图,还有总体装配图,每个零件也都详细说明了尺寸大小、制作方法和安装部位,是目前所见最为完整的古代立机资料。从书中记载和附图看,这种织机是直立式的,上端顶部架有"縢"(经轴),经纱从上向下展开,通过豁丝木(即分经木,有分经开口的作用)。机架上方

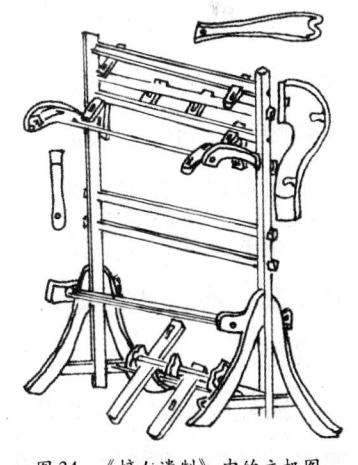

图34 《梓人遗制》中的立机图

两旁形似"马头"的吊综杆，由吊综线连接于综框，再由下综绳连于长短踏板。织造时，织工双脚踏动两根踏板，牵动"马头"上下摆动，形成交换梭口，然后用梭引进纬线，用筘打纬。这种立机子具有占地面积小，机构简单，容易制造等特点，多用于织制结构简单的毛、麻、棉等大众化织品（图34）。

（四）罗织机

由于罗织物是靠互不平行的经纱相互有规律地绞转后，与纬纱交织在一起形成的，所以罗织机与其他一般织机最大的差别就是它的开口机构。

商周时代的罗主要是二经相绞的素罗，因此它所用的绞经开口机构比较简单，只有一片绞综和一片地综。织造时，以两根纱为一组；奇数经纱为地经，偶数经纱为绞经，一根纬纱按竹刀的位置织入，每隔一梭起绞一次（图35）。

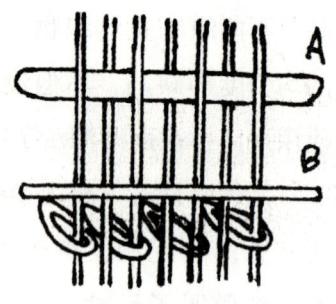

图35　二经绞罗织造示意图

秦汉以后，又出现了三经绞罗，四经绞罗以及罗纹地上起花的花罗。它们织造时所用的绞经开口机构相对来说要复杂一些。三经绞罗是以三根经线为一组，一根绞经，二根地经。

四经绞罗是以四根经纱为一组，两根绞经，两根地经。四根纬纱为一循环。织造时需要用两组绞综（图36）。第一

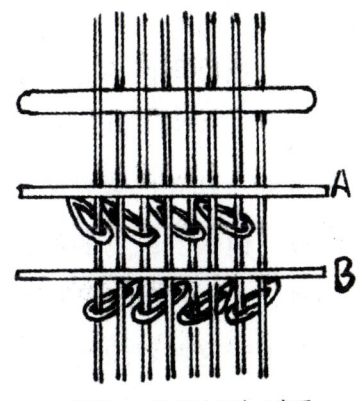

图36 四经绞罗织造示意图

梭,是绞经综A提起时织入,绞经综B不动。第二梭是按竹刀位置织入。第三梭是在绞经综B提起时织入,绞经综A不动。第四梭再从竹刀位置织入。依次反复。

织四经花罗时,地纹部分和素织相同,花纹部分另加绞综。第一梭绞经综A和B同时起动。第二梭按竹刀位置织入。第三梭同第一梭。依次反复。织花罗、绞综的片数,视花纹需要确定。

二经素罗或花罗的织造,可在一般带筘的织机或花机上经加挂绞综,并把带筘织机或花机上的筘和撞杆(叠助木)的分量减轻后进行。古代有关这种罗织机的资料很少,现仅见于元人薛景石所著的《梓人遗制》中。值得庆幸的是《梓人遗制》所载甚详,不仅给我们留下了这种罗织机的具体形制,还简明地讲述了各种机件的制作方法,装配尺寸和安装部位,使我们今天得以了解它的全貌。

薛书所记罗织机是由机身(机架)、豁丝木、鸦儿(操纵综片的悬臂)、大泛扇子(综片)、卷轴、滕子(经轴、原图只画一根,可能有两根经轴,因绞经消耗不多,不便与地经同缠于一轴)、脚竹(脚踏传动杆,原书未记)等主要机件组成。这种罗机没有竹筘,也没有梭子,用斫刀投纡兼打纬。斫刀长二尺八寸,背部有三直槽,其内装纡子,旁有小孔，可以引纬。这种罗织机由于一直沿用打纬刀打纬，不采用竹筘，织造时效率较低，因而在明以后和四经绞罗一起逐渐失传了。

明以后织罗是在带筘织机上进行的，其开口装置虽基本上和前文所讲织两经绞罗时差不多，但因罗织物的组织设计有了进步，又出现了许多新品种，如五梭罗、七梭罗等。在宋应星《天工开物》中，就有关于这些罗织法的记载："凡罗，中空小路，以透风凉。其消息全在软综（绞综）之中，衮头两扇打综，一软一硬。凡五梭、三梭、最后七梭之后，踏起软综，自然纠转诸经，空路不粘。……就丝绸机上织时，两梭轻，一梭重。空出稀路者，名曰秋罗。"

（五）多综多蹑纹织机

多综多蹑纹织机是一种用以制织比较复杂几何花纹织物的织机，实际上也是一种踏板织机，其特点是机上有多少综片便有多少脚踏杆与之相应，一蹑（踏板）控制一综，综、蹑数量可视需要随意添减。

关于多综多蹑纹织机的出现时间，现众说不一。有的学者根据湖北江陵马山一号楚墓出土的大量楚锦实物，认为在战国时期多综多蹑织机即已被广泛应用，有的学者则认为这种织机是在战国时期出现，战国至秦汉时期逐渐发展、推广。迄今所见最早记载是出现在汉代刘歆的《西京杂记》中："霍光妻遗淳于衍蒲桃锦二十四匹，散花绫二十五匹，绫出巨鹿陈宝光家。宝光妻传其法，霍显召入其第，使作之。机用一百二十镊，六十日成一匹，匹值万钱。"

多综多蹑机的结构与近代四川省成都市双流县沿用的丁桥织机大同小异，不同的可能仅是整体外观尺寸或某些机件尺寸。

丁桥织机的名字来自于它脚踏板上的竹钉，这些竹钉状如四川乡下河面上依次排列的一个个过河桥墩"丁桥"，故名（图37）。其结构如图所示，1~9系机架部分的机件、10~22系开口部分的机件、23~28系织筘部分的机件、29~33系经轴部分的机件、34系分经棍、35~39系卷布部分的机件、40系座板。这种织机的综片分为两种，机前1~8片是专管地经运动的

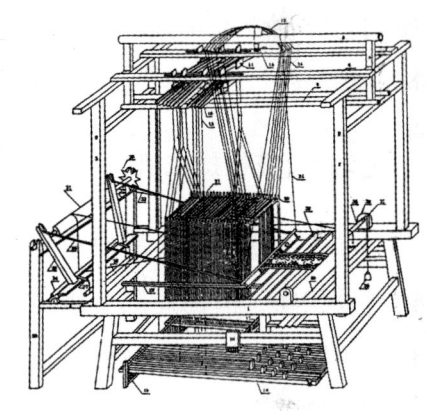

图37 丁桥织机

伏综，又称占子。踏下踏板，通过横桥拉动占子的下边框下沉，使经丝随之下沉；松开踏板，机顶弓棚弹力拉动占子恢复原位，使经丝也随之恢复原位。除伏综外，其余综片皆为专管纹经运动的花综，又称范子。因踏板数量太多，为避免踏动时踏到相邻的踏板而影响综片的正确运动，相邻踏钉的安装位置是有差异的，一般是每隔几根安在同一位置。另外，在织花绫时，如所有踏板按控制花综和地综的，分开排列，幅度太宽，操作不便，可将控制地综的踏

板放在控制花综的踏板中央。踏左部分时，左脚管花，右脚管素，踏右部分时，右脚管花，左脚管素。据调查，用它可生产出凤眼、潮水、散花、冰梅、缎牙子、大博古、鱼鳞杠金等几十种花纹花边以及五色葵花、水波、万字、龟纹、桂花等十几种花绫、花锦。这些产品纹样宽度一般是横贯全幅，纹样长度不等，但均不超过几公分。生产时加挂综片和踏杆的数量，视品种花纹复杂程度而定，如生产"五朵梅"花边时，用综32片，用踏杆32根，老工匠平均每分钟投纬次数为110梭，一般工匠也可达每分钟80~100梭。

（六）花楼提花机

多综多蹑织机虽能织出比一般脚踏开口织机复杂得多的花纹织物，但仍局限于织造花纹循环数不多的对称型几何纹织物。当丝绸纹样向着大花纹发展时，如大型花卉和动物等纹样，花纹循环数大大增加，组织更加复杂，多综多蹑织机就难于胜任了。因此，在东汉时我国古代人民又在这种织机的基础上发明了一种花楼提花机。花楼提花机的最大特点是提花经线不用综片控制，改用线综控制，也就是说有多少根提花经线，就要有多少根线综，而且升降运动相同的线综是束结一起吊挂在花楼之上的。东汉著名文学家王逸在《机妇赋》中曾对早期花楼束综提花机的形制和操作方法做过生动形象的描述：

……高楼双峙，下临清池；游鱼衔饵，瀺灂其陂，鹿卢并起，纤缴俱垂，宛若星图，屈伸推移，一往一来，匪劳匪疲。

其中"高楼双峙，下临清池"是说提花装置花楼的提花束综和综框上弓棚相对峙，挽花工坐在花楼上，口呼手拉，一边按设计的提花纹样来挽提花综，一边俯瞰由万缕光滑明亮的经丝组成的经面，好似"下临清池"一样；"游鱼衔饵，瀺灂其陂"是拿游鱼争食比喻衢线牵拉着的一上一下的衢脚（花机上使经线复位的部件）；"宛若星图，屈伸推移"是指花机运动时，衢线、马头、综框等各机件牵伸不同的经丝，错综曲折，有曲有伸，从侧面看有如汉代的星图；"一往一来，匪劳匪疲"，指的是织工引纬打纬熟练自如。

汉以后，花楼提花机得到普遍的采用，再经六朝和隋唐几代的改进和提高，到宋代已逐渐完善而定型。这在现存的宋代绘成的《耕织图》和元人所著《梓人遗制》中可以看出。待至明代宋应星写《天工开物》时也提到这种机械，并且详细写出其具体形制（图38）。

图38　花楼提花机

使用花楼织机，必须以利用"装造系统"和"花本"为前提。

"装造系统"是由一套以竹木杆和股线为基干的部件组成，垂直地吊装在花楼之上，它自上至下包括：通丝、衢盘、衢丝、综眼、衢脚。通丝又叫大纤，能使经丝产生单独升降运动。通丝数量根据花数循环确定，每根通丝可以分吊二到七根衢丝。按纹样设计要求，选择合适的通丝数量，分吊衢丝。综眼位于衢丝之中，所有准备提动的经线均须从综眼穿过（一根经线穿过一根综眼）。衢盘位于通丝的上部，起控制通丝导向，并防止其相互纠缠的作用。衢脚有一定长度和重量，悬于衢丝之下，具有使通丝垂直悬吊，并控制其稳定的作用。

"花本"是把纹样由图纸过渡到织物的桥梁。我国古代的花本，是在什么时间开始出现的，不见记载，但可以肯定汉代时确已使用，因为有花楼的织机则必用花本，是没有疑议的。它在现存古籍中的出现，则已是1000多年后的明代。据描述说：明代四川成都的市场上常有人专门出售这种物品。花本有花样花本和花楼花本两种。花样花本适用于经密较低、纹样变化较简单的纹织物。花楼花本适用于经密较高、纹样变化复杂的纹织物。它们的制做方法基本相同，都是以纹样设计图为依据。

在提花工艺中，装造系统和编结花本是相互配合的，二者缺一不可。而编结花本，尤具有关键意义。编结花本是提花技术中最难掌握的技术，必须准确地计算纹样的大小和各个部位的长度，以及每个纹样范围内的经纬密度和交结情况，不得稍有疏忽，否则，便达不到提花的目的。

我国历代织工是深刻了解这一点，并且能充分地掌握和解决这个问题的，因而才能不断地织出大量精美的纹织物。宋应星在《天工开物》中为此这样感叹："工匠结本，心计最精，天孙机杼，人巧备矣。"意思是说结花本是件需要精密思考的工作，实在可以和天上织女的织作技巧相比。

花楼提花机是我国古代纺织技术史上水平最高、最具代表性的纺织机具，其技术成就和价值是多方面的，下面就重要的略谈几点。

第一，织机的设计有了质的飞跃。如以线综提升经线，突破了以往织机只能以综片提升经线的旧框框，使可灵活提升的经线数量大大增多，使织物不再受织机综片数量束缚，能够随心所欲地设计织物花纹。再如以花本存储提花信息、控制线综的方式，更是开创了用编排好的程序控制经丝运动的先河。

第二，推动了我国古代整体纺织技术水平的提高。由于花楼提花机提高了织机性能，兼之适应性较强，它的出现，促进完善了织造工艺，带动了许多新织物品种的发展，为汉以后绫、缎、锦类织物的繁荣奠定了基础。

第三，对外国纺织技术的进步和本世纪计算机的诞生影响极为深远。11 至 13 世纪，中国的提花技术传到欧洲，欧洲人因吸取这些技术，并受这些技术的启迪，而导致了许多机械的革新。18 世纪末，法国人贾卡（Jacquard）便是参照花楼提花机的原理，制造出了用穿孔纹板代替花本的纹板提花机，使提花实现了自动化。19 世纪末，美国人赫尔曼·何勒里斯（H. Hollerith）利用穿孔原理发明出电子制表机，这一发明使分析以前无法想象的大量数据成为可能，被认为是现代计算机数据处理技术的开始。令人惊异的是，直到20世纪的60和70年代，穿孔法仍被用来给计算机编制程序和输入数据。

第六章
古代的染整技术

中国古代染整技术所包含的内容相当丰富，可概括为颜料和染料的制取、染色、印花、整理等几大方面。在1856年合成染料问世以前，中国的印染技术一直处于世界领先水平。

一 颜料和染料的种类

我国古代用于给织物施色的材料概括起来有矿物颜料和植物染料两大类。

（一）矿物颜料

我国在服装上施色的历史就是从这类颜料的利用开始的，其渊源可追溯到新石器晚期。而自此以后的各个时期，由于它们不断地被人们所采用，终于发展成历代以彩绘为特点的特殊衣着施色所需的原材料。

古代曾经用以给织物着色的矿物颜料有赤铁矿、朱砂、胡粉、石黄、白云母、金银粉箔、墨（墨不是矿石制成，这里根据其使用方法，归纳于此处）和石墨等。

1. 赤铁矿

赤铁矿，又名赭石，红色矿物颜料，主要化学成分是呈暗红色的三氧化二铁，在自然界中分布较广，是我国古代应用最早的一种红色矿物颜料。1963年在发掘江苏邳县四户镇大墩子4000多年前的文化遗址时，出土了四块赭石，其上有明显的研磨痕迹，说明当时我国已开始利用这种矿物颜料了。到春秋战国时，赭石由于色泽逊于其他红色染料，逐渐被淘汰，但仍然被用来作监狱囚衣的专用颜料。后来"赭衣"成为囚犯的同义词，即缘于此。

2．朱砂

朱砂，又名丹砂，红色矿物颜料，主要化学成分是红色硫化汞，属辉闪矿类，在湖南、湖北、贵州、云南、四川等地都有出产，是古代重要的红色矿物颜料。我国利用朱砂的历史很早，在青海乐都柳湾原始社会时期墓葬中曾发现大量朱砂，在北京琉璃河西周早期墓葬、宝鸡茹家庄西周墓中也都发现过有朱砂涂抹痕迹的织物残片。由于朱砂色泽纯正，所以一直到西汉依然深受人们的欢迎，有些贵重衣物仍用它涂敷。在长沙马王堆一号汉墓出土的大批彩绘印花丝织品中，有不少红色花纹都是用朱砂绘制的，如其中一件红色菱纹罗锦袍，尽管在地下埋藏了2000多年，其上面用朱砂绘制的红色条纹，色泽依然十分鲜艳。古人出于对朱砂鲜艳颜色的喜爱，还常常用它来形容人的美貌，《诗经·终南》中赞美秦襄公的容颜像丹砂一样红润的诗句："颜如渥丹，其君也哉"，便是一例。朱砂的加工，采用先研后漂的方法，即先把辰砂矿石粉碎，研磨成粉，然后经过水漂，再加胶漂洗。在水中，辰砂由于重力差异而分为三层，上层发黄，下层发暗，中间呈朱红。尤以中间的色光和质量为佳，谓之朱标。陕西宝鸡茹家庄出土的朱砂恰为朱红色，说明我国在西周时期就已掌握了朱砂的制作技术。由于朱砂的研磨和提纯加工过程，费时费力，致使产量很低，远远满足不了需要，西南少数民族便以朱砂作为贡品，进献给中原王朝，故《汲冢周书》有"方人以孔鸟，濮人以丹砂"来贡的记载。

3. 胡粉

胡粉，又名粉锡，白色矿物颜料，主要化学成分碱式碳酸铅。早在春秋时，铅白已是妇女常用的化妆品。在《楚辞·大招》中有用它化妆的描述："粉白黛黑，施芳则只。"此"粉"即铅白，其俗名胡（糊）粉之由来，也是出于这个缘故。它也是我国最早人工合成的颜料。古代传统制取铅白的方法是先以铅与醋反应生成碱性醋酸铅，再在空气中逐渐吸收二氧化碳，转化为碱性碳酸铅，最后通过水洗澄清，除去残余的醋酸铅即成。以铅、醋为原料制胡粉的方法，在唐代著作中已有详细记载。近年在福建福州宋墓中发现许多彩绘上衣，上面都有这种颜料的涂绘痕迹。宋应星在《天工开物》中曾对胡粉的化学生产工艺做过较为详细的描述："每铅片百斤，用醋两瓶，安火四两，养之七日，铅片皆成粉霜。"这种制作方法和现在西方所谓"荷兰法"相似，却比它早了几百年。

4. 石黄

石黄，一种色相纯正、色牢度稳定、呈橙黄色、有胭脂光泽的黄色矿物颜料，主要成分是铬酸铅。石黄的制取方法是：先将天然石黄水浸，再经多次蒸发换水，然后调胶用或研用。换水目的是为了尽量使矿物中所含有害成分砷，气化挥发，以减少对人体的损害。在陕西宝鸡茹家庄西周墓出土的刺绣品上曾发现石黄，说明最迟西周时已用石黄涂染织物。

5. 白云母

白云母，亦名绢云母，是一种含有硅酸钾铝的白色矿物，产于我国湖南临武等地区。把它研磨成极细的粉末后具有良好的附着性和渗透性，可作为白色颜料使用。长沙马王堆一号汉墓出土的"印花敷彩纱"上，光泽晶莹的白色花纹，经化验证实是用白云母绘制而成。

6. 金银粉和箔

金银粉是指用金、银研磨而成的粉屑（它一般加上黏合剂制成金银泥使用）。金银箔是指用金或银打制的薄片（比纸还薄）。用金银泥和金银箔绘制或装饰衣着，可使织物获得金光闪闪、色泽艳丽的华贵效果。这种装饰织物的方法，自汉以来一直被广泛应用。在出土的历代纺织品中，也常常可以见到应用金银色涂画和印制的织物，如马王堆一号汉墓出土的金银色印花纱，福州市北郊南宋墓出土的大量金银花织物，都是使用金银粉装饰的产品。

7. 墨和石墨

墨即为我国历来所谓的"文房四宝"之一的墨。墨是以松柴或桐油的炭黑（经过焚烧）和胶制成的，颜色纯黑

（有的墨发紫光，是制墨时加入"苏枋"的原因）。历代彩绘衣着上的黑色，基本都是用墨绘制。石墨（矿物）是煤或碳质岩石受区域变质作用或岩浆侵入作用的影响而形成的。颜色呈铁灰色或钢灰色，我国古代也有用石墨在衣着上设色的，见于记载的是安徽黟县的情况。自六朝以来，黟县群众每以其地所产石墨处理布匹，使之具有深灰的色彩（黟县石墨是历来文人艳羡的东西，因而也时常出现于文学著作之中，特别是宋代的著作）。

除了上面所说几种矿物颜料，我国古代还曾以雄黄或黄丹作为黄色颜料，以各种天然铜矿作为蓝色和绿色颜料制作各种彩绘衣服，其使用方法与以上数种颜料相似，这里就不多谈了。

（二）植物染料

植物染料和矿物颜料虽然都是设色的色料，但它们的作用却是很不相同的。以矿物颜料施色是通过黏合剂使之粘附于织物的表面，其本身虽具备特定的颜色，却不能和染色相比，所施之色也经不住水洗，遇水即行脱落。植物染料则不然，在染色时，其色素分子由于化学吸附作用，能与织物纤维亲合，而改变纤维的色彩，虽经日晒水洗，均不脱落或很少脱落，故谓之"染料"，而不谓之"颜料"。

利用植物染料，是我国古代染色工艺的主流。自周秦以来的各个时期生产和消费的植物染料数量相当大，其采集、制备和使用方法，值得称道之处也极多。古代使用过的植物染料种类很多，单是文献记载的就有数十种，现在我们仅就几种比较重要的常用染料谈一谈。

1. 蓝草

一年生，草本，学名蓼蓝。它茎叶含有靛甙，这种物质经水解发酵之后，能产生无色水溶性的3－羟基吲哚酚，即靛白。当靛白经日晒、空气氧化后缩合成有染色功能的靛蓝。在古代使用过的诸种植物染料中，它应用最早、使用最多。我国利用蓝草染色的历史，至少可从两千多年前的周代说起，《诗经》中："终朝采蓝，不盈一襜"的诗句，说明春秋时的人们确曾采集蓝草，用于染色。《礼记·月令》中也有"仲夏之日，令民毋艾蓝以染"的叙述，说明战国至两汉之间，人们不但用蓝草染色，而且大量种植，以备收获，并规定不到割刈之时，不准随便采撷制取。西汉以后，蓝草被当作经济作物大面积种植，有很多人以种蓝草为生。

2. 茜草

茜草，又名茹藘和茅蒐（《尔雅》），是我国古代使用最广泛的红色染料。战国以前染色所用基本都是采自山野。《诗经》中有多处提到茜草和其所染服装，如《诗经·郑风·东门之墠》："东门之墠，茹藘在阪。"《诗经·郑风·出其东门》："缟衣茹藘，聊可与娱。"前者是说它生长在山坡上，后者是说它的染色。西汉以来，开始大量人工种植，司马迁在《史记》里说，新兴大地主如果种植"十亩卮茜"，其收益可与"千户侯等"。茜草春秋两季皆能收采

（以秋季采到的质量为好），以根部粗壮呈深红色者为佳。收采后晒干储藏，染色时可切成碎片，以热水煮用。茜草所含色素的主要成分为茜素和茜紫素，属于媒染性染料。如直接用以染制，只能染得浅黄色的植物本色，而加入媒染剂则可染得赤、绛等多种红色调。出土文物证明，古代所用媒染剂大多是含有铝离子较多的明矾。这是因为明矾水解后产生的氢氧化铝和茜素反应，能生成色泽鲜艳、具有良好附着性的红色沉淀。在长沙马王堆一号汉墓出土的"深红绢"和"长寿绣袍"的红色底色，经化验即是用茜素和媒染剂明矾多次浸染而成。

3. 红花

红花，又名红蓝花，是夏天开红黄色小花的草本植物，原产于西北地区，西汉时传到内地。红花适用于多种纤维的直接染色，是红色植物染料中色光最为鲜明的一种。用它染的红色称为真红或猩红，唐人"红花颜色掩千花，任是猩猩血未加"诗句，形象地概括了红花色彩。

4. 苏木

苏木原名苏枋，李时珍《本草纲目》说"海岛有苏枋国，其地产此木，故名"。其实这种属豆科的常绿乔木植物，在我国的云南、两广和台湾等地历来均有生长，并且早在西晋年间，南方地区的民间，就已广泛使用它染色。苏木的赭褐色心材中所含无色的原色素叫"巴西苏木素"，经空气氧化就变成有色的"巴西苏木红素"。苏木的这种色素也属媒染性染料，上染织物的色彩视所采用的媒染剂而定。一般铬媒染剂得绛红至紫色，铝媒染剂得橙红色，铜媒染剂得红棕色，铁媒染剂得褐色，锡媒染剂得浅红至深红色，用苏木染出的红色和用红花染出的蜀红锦以及广西锦的赤色，十分接近。

5. 栀子

栀子属常绿灌木，开白花，果实中用作染料的色素主要成分是栀子苷。先将其果实在冷水中浸泡，再经过煮沸，即可制得黄色染料。此染料属直接性染料，可直接染着于丝、麻、棉等天然植物纤维上。也可用媒染剂进行媒染，得到不同的色光，如铬媒染剂得灰黄色，铜媒染剂得嫩黄色，铁媒染剂得暗黄色。秦汉时，野生栀子不敷需求，始大面积人工种植，《史记·货殖列传》所载："千亩栀茜，千亩姜韭，此其人与千户侯等"，反映了汉初栀子种植的规模、获利丰厚之程度以及用栀子染黄之普遍。长沙马王堆一号汉墓出土的多种深浅黄色纺织品，经多种手段进行分析和测定，发现有一些即为用栀子染液直接或加入媒染剂染制而成。由于它染色方便，着染织物色光鲜明，自秦汉以来，一直是中原地区应用最广泛的黄色植物染料。

6. 槐花

槐花是指豆科植物槐树的花蕾和成熟花朵。槐蕾黄绿色，形状像米，因此又叫槐米。槐花内含有一种属媒染性的色素芸香甙，能和多种媒染剂作用，染出各种不同的色彩。如与锡媒染剂得艳黄色，铝媒染剂得草黄色，铬媒染剂得灰绿色。

7. 郁金

郁金属姜科多年生草本植物，主要产于我国南部和西南部。其块根呈椭圆形，内含姜黄色素。可直接用于染黄，也可籍不同媒染剂而得到各种色调的黄色。用明矾媒染可得淡黄色，胆矾媒染得绿黄色，绿矾媒染得橙黄色。郁金所染织物虽耐光牢度稍差，但其色光鲜嫩，往往还散发出郁金特有的芬芳之气，故深受人们喜爱。我国最迟在汉代便将它作为植物染料使用，从史游《急就篇》所云："郁金半见缃白絇"来看，郁金染出的黄色调在当时即已成为一个独立的色谱种类。另据《本草纲目》记载："郁金生蜀地及西域，染色是用其茎。染妇人衣鲜明，惟不耐日炙，微有郁金之气。"说明古代民间早已熟知郁金的特性，并广泛用于妇女所用织物的着色。这是我国最早带有香味的服装染色材料。

8. 黄栌

黄栌，又名栌木，漆树科落叶植物，分布于我国东北部和中部，木材可制器具，兼用于提取黄色染料。染色方法据《天工开物》记载：先用黄栌煎水染，再用麻秆灰淋出的碱水漂洗。栌木中含一种叫非瑟酮的色素，染出的黄色在日光下是略泛红光的黄色，在烛光下是泛黄光的赤色。这种神秘的光照色差，使它成为最高贵的服色染料，自隋到明一直是"天子所服"。

9. 鼠李

鼠李，又名臭李子，属落叶灌木或小乔本，分布于我国东北部和中部地区。它的果实和茎皮含有大黄素、芦荟大黄素等多种色素，是一种优良的天然绿色染料。染色时只需将鲜嫩的果实或茎皮，在水中沸煮制成染液，在弱酸或弱碱性染液中浸染织物，即可得到色牢度、耐光性、耐酸性和耐碱性俱佳的绿色织物。如在弱酸性液中使用还原剂，进行还原染色，还可染得带有蓝光的绿色。丝绸一般是用含钙盐的明矾液，棉布是用碱性的皂液。

10. 紫草

紫草，多年生草本，根粗壮，外表暗紫色，断面紫红色，可作紫色染料。李时珍说："紫草花紫根紫，可以染紫，故名。"紫草是典型的媒染染料，其色素主要存在于植物根部，采挖紫草根一般是在八九月间茎叶枯萎时。色素的主要化学成分是萘醌衍生物类的紫草醌和乙酰紫草醌，这两种紫草醌水溶性都不太好，染色时若不用媒染剂，丝、麻、毛纤维均不能着色，因此必须靠椿木灰、明矾等媒染剂助染，才能得到紫色或紫红色。早在春秋时期，紫草染色便在山东兴盛起来。《管子》记载："昔莱人善染练，茈之于莱纯缁"。茈即紫草，莱即古齐国东部地方，这段话的意思是齐人擅长于染练工艺，用紫草染"纯缁"。齐人工于染紫，是由于齐君好紫。《韩非子·外储说左上》说："齐桓公服紫，一国尽服紫。当是时也，五素不得一紫"。紫色系五方间色，对齐君这种有悖于周礼规定的颜色嗜好，儒家深恶痛绝，其代表人物孔子有"恶紫之夺朱"、孟子有"红紫乱朱"的言论。

11. 荩草

荩草，禾本科一年生细柔草本植物，叶片卵状披针形，近似竹叶，生草坡或阴湿地。茎叶可药用，茎叶液可作黄、绿色染料。古代又名菉（绿）竹、王刍、戾草等。荩草色素成分为荩草素，蜀黄酮类衍生物。黄酮类化合物可直接浸染织物使之着色，亦可在染液中加媒染剂后使织物着色。荩草液直接浸染丝、毛纤维可得鲜艳的黄色，与靛蓝复染可得绿色。从荩草又名绿来看，古代多用它与靛蓝复染。

除上述植物外，古代还以狼尾草、鼠尾草、五倍子等含有鞣质的植物作为染黑的主要材料。

我国的植物染料资源丰富，在明清时期，除满足我国自己需要外，开始大量出口，仅光绪初年，红花从汉口输出达 6 000 担，茜草以及紫草从烟台输出达 4 000 担，五倍子达 20 000 多担，郁金从重庆输出到印度达 60 000 担，而用红花制成的胭脂绵输到日本的数量更为可观。

（三）植物染料的制取和储存

我国古代利用植物染料的方法有两种：一种是直接利用植物染料的鲜叶，即把待染织物直接置于渍有其鲜叶，并已发酵的染液里，或浸或煮一段时间，使织物着色；一种是通过化学加工把植物染料鲜叶中的色素制取出来备染。前一种方法染色受季节限制，因为植物色素在植物体内难以长期保存，采摘的鲜叶必须及时与织物浸染，否则会失去染色价值。故在制取技术较落后的商周至战国时期，染色只能在夏秋两季进行，如采蓝、染蓝必在6月至7月，挖茜草根、染红必在5月至9月，其他染草的采集和染色也大都在秋季。后一种方法因将色素制取出来，染料很长时间不会失效，染色可随时进行，不用再抢季节收集染料和染色了，因此用量多的植物染料大多用此法。

我国古代对各种植物染料的提纯和储存有许多科学的方法，其中一些方法的工艺原理与现代采用的原理相同。一些方法更因其简单实用，一直沿用至今，如靛蓝和红花的制取及保存。

我国制造靛蓝的技术，发明于何时，不见记载，从秦汉两代人工大规模种植蓝草的情况推测，估计不会晚于这个时期。待至三国以后，即已完全成熟。北魏贾思勰在其著作《齐民要术》中记载了当时用蓝草制靛的方法："刈蓝倒竖坑中，下水"，用木头或石头镇压蓝草，以使其全部浸于水中。浸渍时间是"热时一宿，冷时再宿"。然后将浸液过滤，置于瓮中，再按1.5%的比例往滤液中加石灰，同时用木棍急速搅动滤液，使溶液中的靛甙和空气中的氧气加快化合，待产生沉淀后，"澄清泻去水"，另选一"小坑贮蓝靛"，再等它水分蒸发到"如强粥"状时，则"蓝靛成矣"。文中不但说出了制靛的方法，而且道出了所用蓝草与石灰的配比。唐宋以来，各个朝代的许多书里对造靛方法也都有所论述，其中最为大家熟悉的是明代宋应星的《天工开物》里所说：造靛时，叶与茎量多时入窖，量少时入桶与缸。用水浸泡七天，蓝汁就出来了。每一石浆液，放入石灰五升，搅打几十下，蓝靛就凝结了。水静止以后，靛就沉积在底上。内容与贾书基本相同，但有些地方更为详细。所述蓝草水浸时间远较前者为多，这主要是为了增加靛蓝的制成率，当然也具备了更多的科学性。

在使用经化学加工的靛蓝染色时，需先将靛蓝入于酸性溶液之中，并加入适量的酒糟，再经一段时间的发酵，即成为染液。染色时将需要染色的织物投入浸染，待染物取出后，经日晒而呈蓝色。其染色机理是酒糟在发酵过程中产生的氢气（还有二氧化碳）可将靛蓝还原为靛白。靛白能溶解于酸性溶液之中，从而使纤维上色。织物既经浸染，出缸后与空气接触一段时间，由于氧化作用，便呈现鲜明的蓝色。这样的制靛和以其染色的工艺过程是有充分科学根据的，与现代人工合成靛蓝的染色机理完全一致。

红花中含有黄色素和红色素两种色素，其中只有红色素具有染色价值。红色素在红花中是以红花甙的形态存在的。近代染色学中提取红花素的方法是利用红色素和黄色素皆溶于碱性溶液，红色素不溶于酸性溶液，黄色素溶于酸性溶液的特性。先用碱性溶液将两种色素都从红花里浸出，再加酸中和，只使带有荧光的红花素析出。其实我国自汉以来的各个时期，一直就是利用红花的这种特性来提纯和染红的。《齐民要术》曾对民间炮制红花染料的工艺作过详细描述。其内容大意是：先捣烂红花，略使发酵，和水漂洗，以布袋扭绞黄汁，放入草木灰中浸泡一些时间，再加入已发酵之粟饭浆中同浸，然后以布袋扭绞，备染。

草木灰为碱性溶液，而发酵的饭浆呈酸性。另外，为使红花染出的色彩更加鲜明，古人还用呈酸性的乌梅水来代替发酵之粟饭浆（《天工开物》）。由此可见，中国古代制取红花素的方法与近代提取原理是完全一致的。

特别值得指出的是，我国古代不但能够利用红花染色，而且能从已染制好的织物上，把已附着的红色素，重新提取出来，反复使用。这在《天工开物》里有明确记载："凡红花染帛之后，若欲退转，但浸湿所染帛，以碱水、稻灰水滴上数十滴，其红一毫收转，仍还原质，所收之水藏于绿豆粉内，再放出染缸，半滴不耗。"这段记载听起来，好像不易理解，其实是有道理的。这是利用红花红色素易溶于碱性溶液的特点，把它从所染织物上重新浸出。至于将它储于绿豆粉内，则是利用绿豆粉充作红花素的吸附剂。这也说明当时染匠不仅对红花素的染色特点和性能相当了解，而且在红花的利用技术上也是异常熟练的。

二 染色技术

在古代，用矿物颜料给织物著色称之为石染，用植物染料给织物著色称之为草染。石染是用黏合剂将研磨成粉末状的矿物颜料涂于织物上，颜料不与织物纤维发生化学反应，只是黏附在其表面和缝隙间。而草染是通过植物染料所含色素与织物纤维的分子结合使之着色。早在两三千年前我国的草染技术就已具备了很高的水平，并且已有了专门染色管理机构。据古书记载，在西周初，周公摄政时（大约公元前 11 世纪），设置了许多国家机关来处理全国的政事，旧称"六官"，即"天官"、"地官"、"春官"、"夏官"、"秋官"和"冬官"。在天官下设有一个叫"染人"的官职，专管染色生产；在地官下设有一个叫"掌染草"的官职，专管染料的征集和加工。《诗经》中亦有不少记述当时人们采集染料染色，以及描绘所染织物色彩美丽的诗篇，如下面三首：

《小雅·采绿》，译文是：

从早到晚去采蓝，采得蓝草不满裳。

从早到晚去采绿，采得绿草不满掬。

《豳风·七月》，译文是：

七有里伯劳鸟儿叫得欢，

八月里绩麻更要忙。

染出的丝绸有黑也有黄，

朱红色儿更漂亮，

给那阔少儿做衣裳。

《郑风·出其东门》译文是：

东门外的少女似白云，

白云也不能勾动我的心，

身着白绸衣和绿佩巾的姑娘呀，

只有你才使我钟情。

瓮城外的少女像白茅花，

白茅花再好我也不爱她。

那身穿白绸衫和红裙子的姑娘呀，

只有和你在一起我才快乐。

将采集的植物染料变为各种艳丽的色彩，需要掌握相应的染色技术才行。《诗经》和同时期其他文献中出现众多的色彩名称，表明我国一直延续使用了两千多年的复染、套染、媒染工艺是从这个时期迅速发展普及起来的。

所谓复染，就是把纺织纤维或已制织成的织物，用同一种染液反复多次着色，使颜色逐渐加深。这是因为植物染料虽能和纤维发生染色反应，但受限于彼此间亲和力的高低，浸染一次只有少量色素复着在纤维上，得色不深，欲得理想浓厚色彩，须反复多次浸染。而且在前后两次浸染之间，取出的纤维织物不能拧水，直接晾干，以便后一次浸染能进一步更多的吸附色素。《墨子·所染》中有织物颜色、染料颜色与浸染次数之关系的论述，谓："子墨子言，见染丝者而叹曰：染于苍则苍，染于黄则黄，所入者变，其色亦变，五入必，而已必为无色矣。"《尔雅》中也有关于复染的记载："一染谓之縓，再染谓之赪，三染谓之纁。"縓是黄赤色，赪是浅红色，纁是绛（深红）色，色泽从浅至深。最为常见的为靛蓝染色即为复染。

所谓套染，工艺原理与复染基本相同，也是多次浸染织物，只不过是多次浸入两种或两种以上不同的染液中交替或混合染色，以获取中间色。如染红之后再用蓝色套染就会染成紫色。先以靛蓝染色之后再用黄色染料套染，就会得出绿色。染了黄色以后再以红色套染就会出现橙色。运用套染工艺，可以只选择几种有限的染料，而得到更为广泛的色彩，它的出现使染色色谱得到极大丰富。《诗经》中对当时染色情况描述，还说明我国远在3000多年前即已获得染红、黄、蓝三色的植物染料，并能利用红、黄、蓝三原色套染出五光十色的色彩来。

媒染法，顾名思义是借助某种媒介物质使染料中的色素附着在织物上。这是因为媒染染料的分子结构与其他各种染料不同（媒染染料分子上含有一种能和金属离子反应生成络合物的特殊结构），不能直接使用，必须经媒染剂处理后，方能在织物上沉淀出不溶性的有色沉淀。媒染染料的这一特殊性质，不仅适用于染各种纤维，而且在利用不同的媒染剂后，同一种染料还可染出不同颜色。《周礼·钟氏》："三入为纁，五入为緅，七入为缁（黑）。"《淮南子·俶真训》："今以涅染缁，则黑于涅"，是两段关于媒染工艺的文字，所述实际上是以红色媒染染料和含鞣质的黑色染料为底色，再以含硫酸亚铁的矾石交替媒染而成黑红色和黑色的过程。涅本身不怎么黑，故曰缁虽由涅染，而黑于涅。

媒染染料较之其他染料的上色率、耐光性、耐酸碱性以及上色牢度要好得多，它的染色过程也比其他染法复杂。媒染剂如稍微使用不当，染出的色泽就会大大的偏离原定标准，而且难以改染。必须正确地使用，才能达到目的。《周礼》的记载表明我国的染匠在两千多年前就已成功地掌握了媒染染色过程终端的色泽。

三 古代的色谱

早在周代，我国就将色彩分为正色和间色。青、赤、黄、白、黑是"正方五色"，绿、红、碧、紫、駵黄（硫磺）是"五方间色"。视东方为青，南方为赤，西方为白，北方为黑，中央为黄，并得出黄青之间是绿，赤白之间是红，青白之间是碧，赤黑之间是紫，黄黑之间是駵黄的结论。从现代色彩学的角度来看，属"正色"的五种颜色是最重要的基本色，其中青、赤、黄可按不同比例调和配成各种色彩，故也称之为三原色。至于黑和白则是参照对比各种色彩明度的重要参照色。将它们定为"五色"表明那时的人认识和运用色彩的水平已相当高。

古人将色彩分为"正色"和"间色"，也说明古时色彩是和政治活动联系在一起的。由于权贵们视正色为尊，间色为卑，正色和间色不能混淆，故当时王戚贵族对所着服装的颜色十分讲究，非正色不穿。《论语》里有这样的记载："君子不以绀（泛红光的深紫色）、緅（绛黑色）饰，红紫不以为亵服。"拿现代的话说就是绀、緅、红、紫都是间色，君子不以之为祭服和朝服的颜色。

春秋战国时期，由于染料的增多和各种染色方法逐步普遍应用，使得织物色谱丰富多彩，其中仅丝织物的色谱就有红、黄、绿、蓝、紫、绀、绯（赤色）、缁、缇（橘红）、纁（浅红）、緅、綥（苍艾色）等多种。在这些颜色中紫色曾流行最盛。《韩非子·外储说左上》记载："齐桓公好服紫，一国尽服紫。当是时也，五素不得一紫。"

秦汉之际，由于染色技术的不断发展，特别是植物色素提纯和储存问题的解决以及不同染料套染、媒染技术的进步，施染出的织物色谱得到进一步扩充。

汉代的织物色谱，散见于各种书籍中，其中记载得较为集中的有西汉史游的《急就篇》、东汉许慎的《说文解字》、东汉刘熙的《释名》。将这三本书中所记色彩名称或专用词按色谱分类排列，可得到三四十种颜色。其中：

红色近似调有：红、缙、纔、绯、绛、纁、绌、绾、綪、絑。

橙色近似调有：缇、緛。

黄色近似调有：郁金、半见、蒸栗、缃、绢。

绿色近似调有：绿、綟、綀。

青色近似调有：青、缥、缔、繱。

蓝色近似调有：蓝、緺。

紫色近似调有：紫、绀、繰、緅。

黑色近似调有：缁、皂、绉、缀。

白色近似调有：縠、纨、縛、紑、綅。

古文献所记这些色调的名称，今天看起来有些生僻晦涩，显然不能使我们更形象地了解其确切色泽，但长沙马王堆汉墓和新疆民丰东汉遗址出土的大量五光十色的丝、绣、麻、毛织品弥补了这方面的不足。

这两处出土的织物色泽计有朱红、绛、紫、墨绿、黄绿、深浅褐、深浅棕、中黄、深蓝、宝蓝、浅蓝、银灰、黑、白以及金色和银色等三十多种。它们虽然在地下埋葬了两千多年，可色泽依旧鲜艳如新，光彩照人，充分展示了汉代服饰色彩的华美和当时染色工艺所取得的成就。

汉代对纺织品色彩名称的重视，亦是与当时制定的服饰制度分不开的。秦人尚黑，《史记·秦始皇本纪》载："衣服旄旌节旗皆上黑。"汉代初期承袭秦制，"宗庙以下祠祀，皆冠长冠，皂襘袍单衣。"汉武帝太初元年（104）时宣布改正朔，服色开始尚黄。东汉永平二年，"尊卑上下，各有等级"、"非其人不得服其服"的服饰制度被制定出来，这个服饰制度按身份、贵贱等级，严格规定了不同场合、不同等级的人穿什么质地、纹饰、颜色的衣服。这是带有儒家思想色彩的服饰制度在中国封建社会全面实行的开端，影响极为深远，为后来历代传承。汉代官员等级最鲜明的标志是系官印的绶带颜色，《后汉书·舆服志》载："乘舆黄赤绶。……诸侯王赤绶。……太皇太后、皇太后，其绶皆与乘舆同，皇后亦如之。……诸国贵人、相国皆绿绶。……公、侯、将军紫绶。……九卿、中二千石、二千石青绶。……千石、六百石黑绶。……四百石、三百石、二百石黄绶。"

隋唐时期，染色技术又有了进一步的发展，有人曾对吐鲁番出土的色彩鲜艳的丝织物作过色谱分析，发现仅这批织物就有 24 种颜色，其中红色调有银红、水红、猩红、绛红、绛紫；黄色调有鹅黄、菊黄、杏黄、金黄、土黄、茶褐；青、蓝色调有蛋青、天青、翠蓝、宝蓝、赤青、藏青；绿色调有湖绿、豆绿、叶绿、果绿、墨绿等。

宋以后，特别是明清两代，在染色技术和选用染料方面得到了空前发展，用于染色的植物染料种类也增加到几十种，从而不仅使配色、拼色所用色彩范围，有了可供选择的余地，还促使织物色彩的色谱，衍生得更为广泛。如红色调有大红、莲红、桃红、水红、木红、暗红、银红、西洋红、朱红、鲜红、浅红；黄色调有黄、金黄、鹅黄、柳黄、明黄、赭黄、牙黄、谷黄、米色、沉香、秋色；绿色调有绿、官绿、油绿、豆绿、柳绿、墨绿、砂绿、大绿；蓝色调有蓝、天蓝、翠蓝、宝蓝、石蓝、砂蓝、葱蓝、湖色；青色调有青、天青、元青、葡萄青、蛋青、淡青、包头青、雪青、石青、真青；紫色及褐色调有紫色、茄花色、酱色、藕褐、古铜、棕色、豆色、沉香色、鼠色、茶褐色；黑白色调有黑、玄色、黑青、白、月白、象牙白、草白、葱白、银色、玉色、芦花色、西洋白等。以上仅是根据《天工开物》、《天水冰山录》、《蚕桑萃编》和《苏州织造局志》四书所载织物色泽及染色名目所列，实际上应远不止于此，故张謇在《雪宧绣谱》中说：以天地、山水、动物、植物等自然色彩，与深浅浓淡结合后，可配得色调 704 色。如此多的色彩，特别是在一种色调中明确分出几十种近似色，要靠熟练地掌握染料的组合、配方及工艺条件方能达到，说明当时染色技术水平是相当高的。

四　印花技术

织物上的花纹图案，可采用先染后织的方法形成，即先将纤维着色，而后织造。但在织造技术尚不甚发达的殷周时代，不具备织造具有复杂花纹织物的技术，当时为获得美观大方的纺织品，只能采用手绘的方法，把颜料涂抹在织物上。战国以后人们经过不断摸索发明了型版印花技术，由于印花技术简单实用，印花成本低，速度快，一经出现就大受欢迎。即使在织造技术有了突破性进步，已具备织造各种复杂花纹技能的时候，印花技术也没停滞不前，仍在迅猛发展，以至成为纺织技术不可缺少的重要组成部分。古代主要流行的印花方法有画缋、凸版印花、夹缬、绞缬、蜡缬等。

（一）画缋

画缋实际上是两种性质相近给织物局部变换颜色的工艺，一般多用于绘制天子、诸侯以及不同等级官员的服饰图案。画不难理解，为在服饰上以笔描绘图案。缋则为用绣或类似方法修饰图案和衣服边缘。据文献记载，商周的贵族很喜欢穿画缋的服装，并以不同的画缋花纹来代表其社会地位的尊卑。如周代帝王服饰中有一种绘有日、月、星辰、山、龙、华（花）、虫、藻（水草）、火、粉米、黼（斧形花纹）、黻（对称几何花纹）12 个花纹图案的画衣（图39）。这12 种花纹是分等级的，以日、月最为尊贵，从天子起直到各级官吏，按地位尊卑、官职高低分别采用。从出土的西周丝绸及刺绣织品来看，贵族选用的图案既复杂，色彩又丰富。图案不是简单地描绘在织物上，而是采用了一个较为复杂的工艺过程，即先将织物用染料浸染成一色，再用另一色丝线绣花，然后再用矿物颜料画绘。

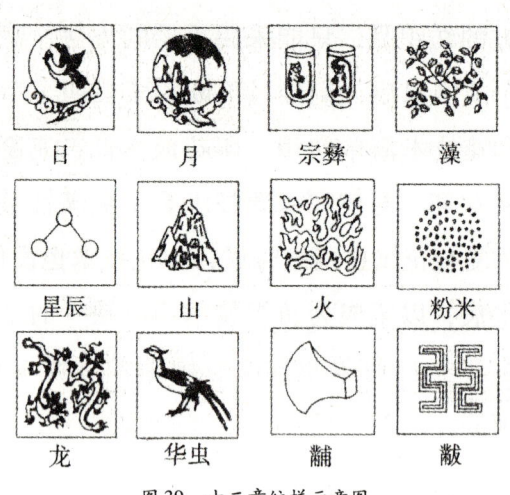

图39　十二章纹样示意图

画缋的方法，因费工费时，着色牢度差，很快被印花技术所取代，但因它所染织物有着与其他染色方法不同的特殊风格，仍深受人们的喜爱，所以历代一直都有少量生产。马王堆一号汉墓出土的文物中，有一幅用植物染料和矿物颜料涂绘的T字形帛画。画缋的艺人用艳丽的色彩在帛上勾绘出天上、人间、地下三个境界，奇虫异兽在此区间游窜，使整个画面形象丰富又充满了浪漫情趣。这幅画绘织物的罕见之作，代表了古代画绘工艺的最高水平（图40）。

清代初期，手绘织物开始大量输往欧洲，而且数量逐年增加，在一定程度上促进了欧洲染织业的发展。如德国人利奇温在谈到中国染织工艺对欧洲文化影响时曾说："18世纪末，法国的丝业，在美术及技术方面的欣欣向荣，实出于中国材料不断输入的刺激。在这个世纪后半叶，东方手绘的纺织品成为最流行的时式。"又说"至1673年，中国的花样渐趋平民化，已经有印花丝织品的供应，以代替高价的手绘织品。"并说法国、荷兰等国还特设工厂，来仿造中国各款绘花或印花的丝织品。

图40 汉墓出土的"T"形帛画

（二）凸版印花

凸版印花的方法并不复杂，是在平整光洁的木板或其他类似材料上，雕刻出事先设计好的图案花纹，再在图案凸起部分上涂刷色彩，然后对正花纹，以押印的方式，施压于织物，即可在织物上印得版型的纹样。其实日常生活中，以图章加盖印记，就是一种最简单的凸版印花。凸版印花技术起源于何时，现在还没有定论，不过在西汉的时候，已具有相当高的水平。长沙马王堆出土的印花敷彩纱和金银色印花纱，就是用凸版印花与绘画结合的方法制成的。印花敷彩纱是先用凸纹版印出花卉枝干，再用白、朱红、灰蓝、黄、黑等色加工描绘出花、花蕊、叶和蓓蕾。敷彩纱表面，手绘花卉，活泼流畅，细致入微，凸印花地，清晰明快，线条光滑有力，很少有间断。整个织物用色厚而立体感强，充分体现了凸纹印花的效果。金银色印花纱是用三块凸纹版分三步套印加工而成，即先用银白色印出网络骨架，再在网络内套印银灰色曲线组成的花纹，而后再套印金色小圆点。从整体来看，银色线条光洁挺拔，交叉处无断纹，没有溅浆和渗化疵点，有些地方虽由于定位不十分准确，造成印纹间的相互叠压以及间隙疏密不匀的现象，但仍反映出当时套印技巧所达到的娴熟程度。

　　凸版印花工艺简便，对棉、麻丝、毛等纤维均能适应，因此一直是历代服饰和装帧等方面的主要印制方法。这一技术在公元五六世纪传到日本，当时日本人称这种印花布为"析文"或"阶布"。在14世纪又传入欧洲，先在意大利盛行，不过直到18世纪欧洲各国才普遍掌握了这一技术。

　　我国少数民族地区采用凸纹印花也很普遍，运用技巧也比较娴熟。如清代新疆维吾尔族人民创制出的木戳印花和木滚印花就很有特色。木戳面积不大，可用于局部或各种中小型的装饰花纹；木滚印花由于是用雕刻花纹的圆木进行滚印,所以适于幅度较大的装饰花纹。

(三) 夹缬

夹缬实际上是镂空版印花。它是用两块雕镂相同的图案花版,将布帛对折紧紧地夹在两板中间,然后就镂空处涂刷染料或色浆。除去镂空版,对称花纹即可显示出来。有时也用多块镂空版,着二三种颜色重染。古代"夹缬"的名称可能就是由这种夹持印制的方式而来。

夹缬始于秦汉之际,隋唐以来开始盛行。据文献记载,隋大业年间,隋炀帝曾命令工匠印制五色夹缬花裙数百件,以赐给宫女及百官的妻妾。唐玄宗时,安禄山入京献俘,玄宗也曾以"夹缬罗顶额织成锦帘"为赐。表明当时夹缬品尚属珍稀之物,仅在宫廷内流行,其技术也宫廷垄断,还没有传到民间。《唐语林》记载了这样一件事:"玄宗时柳婕妤有才学,上甚重之。婕妤妹适赵氏,性巧慧,因使工镂板为杂花之像,而为夹缬。因婕妤生日,献王皇后匹,上见而赏之。因敕宫中依样制之。当时其样甚秘,后渐出,遍于天下,乃为至贱所服。"说明夹缬印花是在玄宗以后才逐渐流行于全国的。唐中叶时制定的"开元礼"制度,规定夹缬印花制品为士兵的标志号衣,皇帝宫廷御前步骑从队,一律穿小袖齐膝染缬团花衽,戴花缬帽(这一制度也曾被宋代沿袭)。连军服都用夹缬印花,可以想象夹缬制品的产量和它在社会盛行的程度。

唐代夹缬制品遗存较多,如日本正仓院保藏的唐代夹缬花树对鸟屏风、夹缬山水屏风、夹缬鹿草屏风、花纹夹缬屏风等。从这些五彩夹缬品,可以看出那时夹缬工艺是相当精巧的。

由于夹缬工艺最适合棉、麻纤维,其制品花纹清晰,经久耐用,所以自唐以后,它不仅是运用最广的一种印花方法,还得到继续发展。如从宋代起镂空印花版逐渐改用桐油涂竹纸代替以前的木板,染液中加入胶粉,以防止染液渗化造成花纹模糊,并增添了印金、描金、贴金等工艺。福州南宋墓出土的纺织品中,就有许多衣袍镶有绚丽多彩、金光闪烁、花纹清晰的夹缬花边制品。

(四) 绞缬

绞缬,又名撮缬或扎缬,是我国古代民间常用的一种染色方法。其扎法大体分为三类:一是先在待染的织物上预先设计图案,用线沿图案边缘处将织物钉缝、抽紧后,撮取图案所在部位的织物,再用线结扎成各种式样的小绞(图41)。也可以将谷物作为衬垫物,结扎在织物里,形成圆圈染取鱼子形的散布花样。二是先将织物巧妙折叠,再用对称的几何小板块将其缚扎夹起来。三是将坯绸作经向或对角折叠,在不同的位置上以织物自身打结抽紧或以绳绑扎。浸染后,将线拆去,扎结部位因染料没有渗

图41 绞缬扎法示意图

进或渗进不充分，就呈现出着色不充分的花纹。绞缬花样色调柔和，花样的边缘由于受到染液的浸润，很自然地形成从深到浅的色晕，使织物看起来层次丰富，具有晕渲烂漫、变幻迷离的艺术效果。这种色晕效果是其他方法难以达到的。

文献记载和出土文物表明我国古代民间至迟在公元4世纪时就已经普遍从事绞缬生产了。当时流行的绞缬花样有蝴蝶、腊梅、海棠、鹿胎纹和鱼子纹等，其中紫地白花酷似梅花鹿毛皮花纹的鹿胎缬最为昂贵。晋代陶潜在他所著《搜神后记》中，记述了这样一件事：一个年轻的贵族妇女身着"紫缬襦（上衣）青裙"，远看就好像梅花斑斑的鹿一样美丽。显然，这个妇女穿的衣服是用有"鹿胎缬"花纹的绞缬制品作成。从唐到宋，绞缬纺织品深受人们的喜爱，很多妇女都将它作为日常服装材料穿用，其流行程度在当时陶瓷和绘画作品上得到翔实反映。如当时制作的三彩陶俑、名画家周昉画的《簪花仕女图》以及敦煌千佛洞唐朝壁画上，都有身穿文献所记民间妇女流行服饰"青碧缬"的妇女造型。陶毅《清异录》记载，五代时，有人为了赶时髦，甚至不惜卖掉琴和剑去换一顶染缬帐。小小的一件纺织品，如此让人渴望拥有，足以说明绞缬制品在这时期风行之盛、影响之深的程度。元明时，绞缬仍是流行之物，元代通俗读物《碎金》一书中记载有檀缬、蜀缬、锦缬等多种绞缬制品。

在古代西北少数民族地区还有一种扎缬和织造相结合

的扎经染色工艺。其法是先根据纹样色彩要求,将经丝上不着色部位以拒水材料扎结,放入染液中浸染。可以多次捆扎,多次套染,以获得多种色彩。染毕,经拆经对花后,再重新整理织造,便能得到色彩浓艳,轮廓朦胧的织品。这种工艺自唐代出现后一直沿用至今。近代深受维吾尔族和哈萨克族人民喜爱的码什鲁布、爱的丽斯绸就是采用这一工艺。

(五)蜡缬

蜡缬,现在称为蜡染。传统的蜡染方法是先把蜜蜡加温熔化,再用三至四寸的竹笔或铜片制成的蜡刀,蘸上蜡液在平整光洁的织物上绘出各种图案。待蜡冷凝后,将织物放在染液中染色,然后用沸水煮去蜡质。这样,有蜡的地方,蜡防止了染液的浸入而未上色,在周围已染色彩的衬托下,呈现出白色花卉图案。由于蜡凝结后的收缩以及织物的绉褶,蜡膜上往往会产生许多裂痕,入染后,色料渗入裂缝,成品花纹就出现了一丝丝不规则的色纹,形成蜡染制品独特的装饰效果。

古代蜡染以靛蓝染色的制品最为普遍,但也有用色三种以上者。复色染时,因考虑不同颜色的相互浸润,花纹设计得比较大,所以其制品一般多用于帐子、帷幕等大型装饰布。

据研究,我国的蜡染工艺起源于西南地区的少数民族,秦汉时才逐渐在中原地区流行。1959年新疆民丰东汉墓发掘出两块汉代蓝白蜡染花布，其中一块图案是由圆圈、圆点几何纹样组成花边，大面积地铺满平行交叉线构成的三角格子纹；另一块则系小方块纹，下端有一个半体佛像。这两件蜡染制品所示图案纹样的精巧细致程度，为当时其他印花技术所不及，反映出汉代蜡染技术已经十分成熟。隋唐时蜡染技术发展很快，不仅可以染丝绸织物，也可以染布匹，颜色除单色散点小花外，还有不少五彩的大花。蜡染制品不仅在全国各地流行，有的还作为珍贵礼品送往国外。日本正仓院就藏有唐代蜡缬数件，其中"蜡缬象纹屏"和"蜡缬羊纹屏"均系经过精工设计和画蜡、点蜡工艺而得，是古代蜡缬中难得的精品。

  宋代时，中原地区的纺织印染技术有了较大进步，蜡染因其只适于常温染色，且色谱有一定的局限，逐渐被其他印花工艺取代。但是在边远地区，特别是少数民族聚居的贵州、广西一带，由于交通不便，技术交流受阻，加之蜡的资源丰富，蜡染工艺仍在继续发展流行。当时广西瑶族人民生产一种称为"瑶斑布"的蜡染制品，以其图案精美而驰名全国。此布虽然只有蓝白两种颜色，却很巧妙地运用了点、线、疏、密的结合，使整个画面色调饱满，层次鲜明，独具瑶族古朴的民风和情趣，突出地表现了蜡染简洁明快的风格。这种蜡染布的制作方法很独特，据周去非《岭外代答》记载：是"以木板二片，镂成细花，用以夹布，而熔蜡灌于镂中，而后乃释板取布，投诸蓝中，布既受蓝，煮布以去其蜡，故能变成极细斑花，炳然可观"。

蜡染制品在我国西南苗、瑶、布依等少数民族聚居区，一直流行不衰，至今仍是当地姑娘、少妇所喜爱的衣着材料。

（六）碱剂印花

碱剂印花出现在唐代，是一种利用碱性物质对丝胶溶解性能及对某些染料的阻染性能而进行的防染或拔染印花方法。采取的具体方法是用草木灰或石灰等强碱性物质，调配成印浆，施印于生丝坯绸上，从而使花纹部位的生丝膨胀脱胶，呈现出不同于地色的富有熟丝光泽的图案。或在此基础上，再行入染，利用生丝熟丝在染液中上色率的差异，形成深浅不同的色光。新疆出土的唐代丝织物中有不少碱剂印花织物，如敦煌出土的"白色团花纹纱"和吐鲁番出土的"原色地印花纱"，花纹处丝束松散，富有丝光，地色处丝束紧密，色泽较暗，据分析采用的是原色生丝作地，局部生丝脱胶显花工艺制成。而吐鲁番同时出土的另一种"绛地白花纱"则是采用先碱印，再入红花染液中进行染红的工艺制成（由于花纹部位印有碱浆，红花素不能上染，因此得以显白色花）。宋代有一种非常有名，充作被单和蚊帐之用的碱性印花产品"药斑布"，其碱性印浆是用石灰和豆粉调制而成，这种浆呈胶体状，不仅利于涂绘和防染，也利于洗去和刮去，它所产生的效果与蜡防染效果完全一样，也是"清白之间，有人物、花鸟、诗词各色"。

五 整理技术

整理是织物加工的最后一道工序,也是必不可少的工序,其作用是改善织物外观和手感,增进服用性能和稳定尺寸。我国古代常用的方法有熨烫整理、涂层整理、砑光整理。

(一) 熨烫整理

熨烫整理是用熨斗压熨织物使之尺寸稳定,外观平整。据《古器评》记载:"汉熨斗,此器颇与今之熨斗无异,盖伸帛之器耳。"表明至迟在汉代已普遍将熨斗用于丝绸的平整了。宋徽宗临摹的唐代张萱《捣练图》画卷和河北井陉县柿庄宋墓壁画中的熨帛画像,形象地展示了古代妇女熨烫织物的劳动场面。从这两幅画像上看,熨帛需三人合作,其中二人使劲拉挺织物,另一人手持熨斗熨烫织物。古代熨斗多为铜制(也有铁制),其形如平底小锅,手柄有金属柄,也有插装的木柄。使用时,斗内盛放炽热火炭,利用热量传导,进行熨烫。1966 年在长沙杨家岭西汉墓中出土的熨斗,是现在能看到的最古老的熨斗,这个熨斗口沿外折,浅腹,高 4.2 厘米,口径 19.2 厘米,底径 11.4 厘米,手柄向上翘起,长约 13 厘米,口沿及手柄上面刻有几何图案,熨斗底部有墨写隶书"张端君熨斗一"字样。

（二）涂层整理

涂层整理是防护性的整理方法之一，是在织物表面涂覆一层高分子化合物，使其具有独特的功能。我国古代多以桐油、荏油、麻油及漆树分泌的生漆等作为涂层材料。生漆的主要成分是漆酸，当它涂在织物上后，与空气中的氧化合，便干结固化成光滑明亮的薄膜。桐油、荏油、麻油属干性植物油，含碘值较高，涂在植物上，遇空气中的氧可被氧化干结成树脂状具有防水性能的膜。根据《诗经》记载和陕西省长安县普度村西周墓出土文物可知，早在春秋时期，我国人民就已掌握了织物涂层整理技术。西汉以来，用此工艺加工出的漆沙、漆布、油布等制品，成为制冕和防雨用品的主要材料。

冕，即乌纱帽，在古代亦叫"漆缅冠"或"陡"，是用纱或罗织物表层涂以漆液制成的。作为朝廷官吏的帽子，它一直沿用到明代。长沙马王堆三号汉墓曾出土过一顶外观完好乌黑的漆缅冠，这顶漆缅冠采用的是髹漆涂层技术，具有硬挺、光亮、滑爽、耐水、耐腐蚀等特点，反映了我国古代以生漆涂层进行硬挺整理加工的技术水平。

在古代，漆布和油布皆为御雨蔽日的用品，但油的来源比生漆多，故用油比用漆更广泛一些。南北朝时，对涂层所用各种油的性能和用途已积累了不少经验，如《齐民要术》记载："荏油性淳，涂帛胜麻油。"隋唐时期出现了在涂层用油中添加颜料，使涂层织物具有各种色彩的技术，如当时帝王后妃所乘车辆上的青油幢、绿油幢、赤油幢等各色避雨防尘的车帘，就是采用这一技术制成的。唐《四时纂要》还记载了一种用两种油配制油衣油的方法，"大麻油一斤，荏油半斤，不䖢皂角一挺（槌破，去皮、子），朴硝一两，盐花半两。在取盛热时，以瓷盛油，以绵裹皂角、朴硝、盐花等，同于瓶子中日煎，取三分耗去一分，即油堪使"。不䖢皂角就是没有被虫子咬过的皂角，朴硝是硝酸钠，盐花当为氯化钠。这里所说的日煎，即日晒，需在盛夏进行。"如不是盛夏用油，即以油瓶子于铛釜中重汤煮取，油耗一分，即堪使用。"重汤即是在釜中隔汤蒸煎。用此油制成的油衣"常软，兼明白，且薄而透亮"。元以后，干性植物油的炼制和涂层技术又有了进一步提高，《多能鄙事》里记载，熬煎桐油除添加黄丹外，还要添加二氧化锰、四氧化三铅等一些金属氧化物作干燥剂。熬制时"勤搅莫火紧"，油熬到无油色时，以树枝蘸一点，冷却后再用手"抹开"，如果所涂油膜像漆一样光亮并且很快就干燥，则停止熬制。这种熬制和测试的基本方法，在一些油布伞、油布衣等生产厂家一直沿用至今。

（三）砑光整理

砑光整理为我国古代主要的整理方式之一，是利用大石块反复碾压织物，使其获得平整光洁的外观。辽宁省朝阳魏营子西周早期燕国墓中发现的20多层丝绸残片，经分析，丝线都呈扁平状，是经砑光碾压所致。山东临淄东周殉人墓中出土的丝绸刺绣残片，其绢地织物表面平整光滑，几乎看不出明显的结构空隙，很有可能也是经过砑光整理的。这两处发现说明砑光整理在周代即已出现。秦汉以来，用砑光的方式整理丝绸和麻织物颇为普遍，当时称砑光为"碾"，《说文解字》云："碾，以石扞缯。"段玉裁注曰："碾以碾缯，今俗之砑。"长沙马王堆汉墓出土的一块经砑光处理过的麻布，表面平整富有光泽，表明汉代用这种方式整理织物使其获得最佳外观效果的水平是相当高的。元以后，随着棉纺织业的发展，砑光被广泛用于棉织物的整理上，据明《天工开物》介绍：碾压棉织品的石质，宜采用江北性冷质腻者，这样的石头碾布时不易发热，碾的布缕紧密，不松懈。芜湖的大布店最注重用好碾石。广东南部是棉布聚集的地方，却要用很远地方出产的碾石，一定是由于试过才这样做的。清代砑光工艺名称演变为"踹"，踹布业盛极一时，除练染作坊设有踹布工具外，更有专业的踹布房或踏布房。据史载，康熙五十九年（1702），仅苏州一带地区从事踹布业的人数就不下万余；雍正八年（1730）仅苏州阊门一带就有踹坊450余处，踹石1.09万余块，每坊容匠各数十人不等。当时踹布采取的工艺方式是将织物卷在木轴上，以磨光石板为承，上压光滑凹形大石，重可千斤，一人双足踏于凹口两端，往来施力踏之，使布质紧薄而有光。这种踹布整理是近代机械轧光整理的前身。

第七章
古代与纺织技术有关的重要书籍

宋元以前有关纺织生产技术的文献很零散，散见于各类典籍书刊中，即使在综合性农书中，所占篇幅也非常有限，据统计，《齐民要术》共十卷九十二篇，讲述各类农作物的种植和生产技术，其中与纺织有关的内容仅有六篇，约占全书的6%左右。这种状况一直持续到宋元时期才得到改变，其时，有关纺织生产技术的文献大量问世，不仅有纺织生产技术的专著，综合性农书中有关纺织生产技术的内容也大为增多，而且农书中纺织技术比重的增加也反映在农书的书名上，农与桑并列直接写成书名渐成潮流。在现知的当时诸多农书中以"农桑"命名的就有近10部。至明清时期，随着农业和手工业迅速发展，人们对与此相关的知识愈来愈重视，不少官员、文人和科学家通过搜集和整理文献资料，不辞辛苦亲身赴生产地调查，撰写出大量农业和手工业技术著作。据不完全统计，从明代初年到清代末年撰刊的农书，见于全国各地公私藏书单位以及实地调查所得约有830余种，其中不包括棉、麻、毛纺织，仅与蚕桑丝绸有关的科技著作便有186部，而散见于药用本草、地方史志、官员奏章书策、文人笔记书札中与纺织技术有关的内容，更是汗牛充栋不可计数。这些优秀农学著作的问世和广泛流传，极大地促进了古代纺织技术的发展，其中一些关于纺织生产的论述，对现在的纺织生产仍有极大的借鉴和指导作用。下面择其较为重要的几部作简要的介绍。

一 《齐民要术》

《齐民要术》是中国现存最早、最完整、最全面的综合性农学著作，书中记述了一些当时非常重要的纺织印染技术。著者贾思勰，益都（今属山东）人，其生平不见记载，只知他做过北魏高阳（今山东临淄）太守，并曾到山东、河北、河南、山西、陕西等地考察农业和收集民谚歌谣，辞官回乡后开始经营农牧业，并亲自参加农业生产劳动和放牧活动。《齐民要术》便是他总结书本知识和实际经验写成的。

《齐民要术》约成书于公元533～544年之间，全书共10卷，92篇，卷首还有"自序"和"杂说"各一篇，计11万多字。该书集先秦至北魏农业生产知识之大成，引用有关书籍156种，采集农谚歌谣30余条，内容之丰富如贾思勰在"序"中所言，"起自耕农，终于醯醢，资生之业，靡不毕书"。

卷首"序"是全书总纲，阐明本书编写思想，方法及书名寓意。其编写思想无疑是宣扬"序"中通过大量经典言论和事例阐释的"食为政首"之重农思想。其编写方法是"采捃经传，爰及歌谣，询之老成，验之行事"，即：一是广泛收录历史文献中有关农业科学技术的资料；二是搜集农谚歌谣；三是向富有经验的老农和内行请教；四是将来自各方面的生产经验在实践中加以验证和改进。其书名寓意是指有关平民百姓生活资料和生产技术的知识，"齐民"一词出自《史记·平准书》："齐民无盖藏"，"若今言平民也"。

正文中有关纺织技术的有 6 篇，约占正文全部篇幅 1/15。虽然数量不多，但收录的内容无论是深度还是广度都是以前的农书无法比拟的，而且所记均很重要，既保留了许多重要历史文献，又真实地反映了当时纺织技术水平。其中卷二"种麻第八"和"种麻子第九"，最早将纤维麻和子实麻种植技术分开归纳和总结，并记述了沤麻用水对麻纤维的影响。指出可根据种子的外形颜色判断雌雄。卷五"种桑柘第四十五"（养蚕附），记载桑柘的种植技术和桑的品种。所记种植技术包含育苗、桑苗栽植、桑园施肥、桑园间作、桑叶采收等各个方面。桑树品种则记有荆桑、地桑、黑鲁桑和黄鲁桑，并引用谚语："鲁桑百，丰绵帛"，说明鲁桑较其他 3 个品种为优。在这条所附养蚕部分，记载了关于蚕种的选择方法，首次从化性和眠期上将蚕进行分类。卷五"种红花、蓝花、栀子第五十二"、"种蓝第五十三"和"种紫草第五十四"，详细介绍了这几种植物染料的栽培和生产方法，其中所记红花饼的制作技术是现今能看到的最早记载。文中还从投资和收益的实际比较，揭示专业种植的巨大好处。云：以百亩良田种红蓝花，年收入相当于二百斛麻子及三百匹绢售价。即便收获采摘时人手不够，雇用小儿僮女百十人，按收摘量对半分成计酬，收益也很可观。所以单夫只妇也可多种。卷六"养羊第五十七"，详细地记载了选羔、放牧、圈养、饲料、剪毛、制毡等方面的生产技术，并介绍了令毡不生虫的方法及几个治羊病的偏方。卷十"五谷果蔬菜茹非中国物产者"中有"木緜鲦"条，引述前人关于木棉的记载。

《齐民要术》不仅总结了各种生产技术，而且包含着因地制宜、多种经营、商品生产等许多宝贵的思想，反映了当时我国北方农业生产技术的水平。而书中所记纺织印染技术，则是研究我国古代纺织印染技术非常珍贵的资料。《齐民要术》一书在我国和世界农业发展史上都占有极为重要的地位。

二 《蚕书》

《蚕书》是一本反映北宋时期山东兖州地区蚕业技术的著作。著者秦观（1049～1100），字少游、太虚，号淮海居士，江苏高邮人，宋代著名文人。秦观36岁中进士。曾任蔡州教授、太学博士、国史院编修官等职位。因政治上倾向于旧党，而屡受新党打击，先后被贬到处州、郴州、横州、雷州等边远地区，最后病故于滕州。秦观在文学上以词闻名，是"苏门四学士"之一，其词风格，婉约柔媚，气骨不衰；淡雅清丽，久而知味。对后世词家影响非常大。

《蚕书》大概写成于元丰七年（1084）或元丰七年之前。全书篇幅很少，共一千余字。内容分为种变、时食、制居、化治、钱眼、锁星、添梯、车、祷神、戎治等10个小节，将养蚕到治丝的各个阶段都作了简明切实的记载。其中"种变"讲浴卵和孵化，提到利用低温来选择优良蚕卵，淘汰劣种。"制居"讲蚕室及养蚕器具，提到采茧时应注意温度，"化治"讲煮茧时汤的温度不能高于100度，应在水面出现象蟹眼那样的微小气泡时进行，而且要眼明手快不待茧煮老即将丝绪找到，并穿过钱眼引到缫车上。钱眼、锁星、添梯和车几节，则是讲缫车上各部位的结构，文中对缫车的尺寸以及传动方法的描述非常详细，以至被后来的农书多次引用。如元代王祯《农书》和明代徐光启《农政全书》中有关缫车的文字，大都引自于它。"祷神"讲祭祀几位传说中的先蚕。虽具迷信色彩，但长期以来祷神已成为蚕农生产中必不可少的活动，已成一种习俗。"戎治"讲蚕桑西传于阗（今于田）的故事，内容是秦观转引《大唐西域记》瞿萨旦那国蚕桑传入之始一段。

秦观是江苏人，他生活的时代江苏蚕桑业已相当发达，为什么没有记述自己耳熟能详的家乡养蚕缫丝技术，却要记录山东兖州的蚕业技术呢？说来有趣，秦观之所以写《蚕书》，缘起竟是因他和夫人的闲聊时，回忆起他"游济河之间"时看到的蚕业技术，认为很有特点，有些技术南方还没有掌握，于是写成《蚕书》，希望家乡蚕农看到不足，进而学习北方的蚕业技术。

秦观《蚕书》虽然文字简短，所述机具也未配插图，但它是保留到现在最早的一部蚕业专书。清代《四库全书》、《古今图书集成》和《知不足斋丛书》都将其全文收入，彰显出它在中国农学史和纺织技术史上的重要价值。

三 《耕织图》

《耕织图》是南宋期间刊印出版的一套描绘江南地区耕织劳作的图谱，也是我国古代有关耕织方面最早以诗配图供普及用的一本图册。绘制者楼璹，字寿玉，浙江鄞县人。楼璹是靠父亲楼异的门荫步入仕途的，初佐婺州。于绍兴三年（1133）授官於潜令，绍兴五年改任邠州通判，兼管审计司，后又在南方几地任官，而且"所至多着声绩"。官职最高至朝议大夫，最后从扬州谢任归里。楼璹偏好书法和绘画，除《耕织图》外还绘有《六逸图》、《四贤图》等。

《耕织图》作于南宋高宗年间，其时楼璹任临安于潜令。他绘制《耕织图》的初衷，一是与社会大环境有关，因为在南宋王朝初期，政治经济都比较困难，朝廷特别重视发展农桑；再者他本人关注民事，非常体谅农民的辛苦。于是响应朝廷"务农之诏"，有感"农夫、蚕妇之作苦，究访始末"而作。图谱绘成后不久，朝廷遣使循行群邑，楼璹因课劝农桑成效显著而得到关注，又经近臣的推荐，宋高宗召见了他。楼璹趁此机会呈献上《耕织图》，得到皇帝嘉奖，并由此得到提拔重用。

《耕织图》进呈皇帝后并未立即刊印，仅是"宣示后宫，书姓名屏间"。及至嘉定三年（1210）才由楼璹之孙刻石传世。现楼璹原本《耕织图》已不可见，其内容据其侄楼钥在《玫瑰集》中所述："耕织二图，耕自浸种以至入仓，凡二十一事；织自浴蚕以至剪帛凡二十四事，事为之图。系以五言诗一章，章八句。农桑之务，曲尽情状。虽四方习俗，间有不同，其大略不外于此。"虽然楼璹《耕织图》佚失，然有幸的是楼璹在每幅图上所题之诗全部完整的保存了下来，可知耕图二十一幅，分别是：①浸种、②耕、③耙耨、④耖、⑤碌碡、⑥布秧、⑦淤荫、⑧拔秧、⑨插秧、⑩一耘、⑪二耘、⑫三耘、⑬灌溉、⑭收刈、⑮登场、⑯持穗、⑰簸扬、⑱砻、⑲舂碓、⑳筛、㉑入仓；织图二十四幅，分别是：①浴蚕、②下蚕、③喂蚕、④一眠、⑤二眠、⑥三眠、⑦分箔、⑧采桑、⑨大起、⑩捉绩、⑪上簇、⑫灸箔、⑬下簇、⑭择茧、⑮窖茧、⑯缫丝、⑰蚕蛾、⑱祀谢、⑲络丝、⑳经、㉑纬、㉒织、㉓攀花、㉔剪帛。

以美术形式展示耕织的场景，非楼璹首创，早在北宋仁宗时即已出现，当时朝廷命画工在皇宫内的延春阁两面墙壁上，画农家养蚕织绢的画像。不过那是宫廷壁画，除供皇室欣赏外，主要作用是标榜皇室时刻想着百姓，不忘稼穑之艰辛。楼璹创作的《耕织图》则不然,是给寻常百姓看的,特别便于不识字的农民据其直观形象进行模仿。

楼璹《耕织图》一经出现便产生巨大影响,宋代及以后的几个朝代,绘制《耕织图》几乎成了一种风气,接连出现了许多以"耕织图"命名,并且内容形式都与楼璹《耕织图》相同或相近之作品。清代康熙年间焦秉贞绘本《耕织图》,每幅图的文字内容除保留楼璹五言诗外,还题有康熙御制七言诗,康熙写的序文也收录在图前。序文说:"爰绘《耕织图》各二十三幅,朕于每幅制诗一章,以吟咏其勤劳,而书之于图,自始事迄终事,农人胼手胝足之劳,桑女茧采机杼之瘁,咸备之情状,后命镂版流传,用示子孙臣庶,俾知粒食维坚,授衣匪易。"因焦秉贞绘本系受康熙之命令所作,康熙又为之作序、题诗,故该本又称为《御制耕织图》。

由于《耕织图》系统而又具体地描绘了当时江南水田地区农耕和蚕桑生产的各个环节,成为后人研究宋代农桑生产技术的宝贵文献,仅就织图中出现的纺织机具而言,每一种都是我们无法从文字资料中得到的最直观的图像资料。

四 《农桑辑要》

《农桑辑要》是元代由司农司主持编纂的综合性农书。

成书于至元十年（1273）。其时元已灭金，尚未亡宋，故内容以北方农业为对象，农耕与蚕桑并重。因系官书，不提撰者姓名。司农司设立于至元二年（1265），是元代专管农桑、水利的中央机构。元代许多重农劝农政策都是出自这个机构。《农桑辑要》的编纂便是司农司为顺利的推行元政府的农桑政策而做的一项重要工作。据翰林院大学士王磐为《农桑辑要》写的"序"说："农司诸公，又虑夫田里之人，虽能勤身从事，而播殖之宜，蚕缫之节，或未得其术，则力劳而功寡，获约而不丰矣。于是，遍求古今所有农家之书，披阅参考，删其繁重，摭其切要，纂成一书，目曰《农桑辑要》。"

《农桑辑要》全书共7卷，6万多字。内容虽绝大部分引自前人之书，但取其精华，摒弃了繁缛的名称训诂和迷信无稽的说法，全书构架详而不芜，简而有要。书中有关纺织生产技术方面的内容亦是如是，但有些则是以前的农书所没有的，是司农司在编纂《农桑辑要》时新增进去的，如"接废树"、"缫丝"、"麻"、"苎麻"、"木棉"、"论苎麻木棉"等篇中的一些内容。"接废树"篇中所述桑树的嫁接技术，是自宋代才发展起来的。"缫丝"篇中丝軖"六角不如四角，軖角少，则丝易解"。"论苎麻、木棉"和"论九谷风土及种莳时月"篇，则从理论上阐述向北方推广木棉和苎麻的可能性，从而发展了风土论的思想，把人的因素引进了旧有的风土观念之中，强调发挥人的主观能动性和人的聪明才智，成为农学思想史上的一个里程碑。

《农桑辑要》修成之后，至元二十三年（1286）曾经颁发给各级劝农官员，作为指导农业生产之用。它的颁行不仅对恢复和发展当时农业生产起了积极作用，对北方地区推广木棉和苎麻的种植更是起了相当大的推动作用。

五 《农书》

王祯，字伯善，元朝初年山东东平人。有关王祯生平事迹的记载很少，现只大略知道他在元成宗元贞元年（1295）出任宣州旌德（今属安徽）县尹，后又调任信州永丰（今江西广丰）县尹。在两任县尹期间，为官清廉，关心百姓疾苦，特别重视发展农桑生产。王祯的诗赋造诣也相当高，他创作的铭、赞、诗、赋，风雅可诵，令人称道。元人对他的评价是"东鲁名儒，年高学博，南北游宦，涉历有年"。

《农书》即是王祯任县尹期间据其宦游四方所见所闻结合旧籍编撰而成。王祯写《农书》的目的如他在《农书》自序中所言："农，天下之大本也。一夫不耕，或授之饥；一女不织，或授之寒。古先圣哲敬民事也，首重农，其教民耕织、种植、畜养、至纤至悉。祯不揆愚陋，搜辑旧闻，为集三十有七，为目三百七十。呜呼备矣！躬任民事者，傥有取於斯与？"也就是希望这本书能帮助人们懂得"农，天下之大本也"的道理，并学会实现这个道理的方法，自己并不想据此追求名利。从王祯《农书》自序所记时间看，《农书》是在皇庆二年（1313）以后才刊行于世的。

王祯《农书》现有两种版本，一种是嘉靖37集本；一种是《四库全书》22卷本。《四库全书》本王祯《农书》约有13多万字，插图281幅。分"农桑通诀"、"百谷谱"和"农器图谱"三大部分。其中有关纺织技术的内容大部分在"农器图谱"中，有65篇，图68幅。涵盖了当时养蚕缫丝、棉麻的种植及加工、纺纱织造的各项技术和机具，而且每一篇的内容，都包括"文字"、"图谱"、"配诗"三个部分。讲述了各种纺织生产技术的要点，使人不仅能读、能看，而且能学、能用。内容之丰富、特色之显明，不仅是任何前代农书所不具备的，而且其中很多都是王祯以前农书不曾提及的，如"纩絮门"中所有的木棉机具，"麻苎门"中的小纺车、大纺车、蟠车、绳车、𬬭车等。

王祯《农书》是一部集南北农业技术之大成的农学著作。元成宗帝在《刻行〈王祯农书〉诏书抄白》中盛赞其为"备古今圣经贤传之所载，合南北地利人事之所宜，下可以为田里之法程，上可以赞官府之劝课。虽坊肆所刊旧有《齐民要术》、《务本辑要》等书，皆不若此书之集大成也。"后世对王祯《农书》更是推崇，日本的著名中国农史专家天野元之助曾说："我觉得中国的古农书中，王祯《农书》是最具魅力的。"

六 《梓人遗制》

《梓人遗制》是一本论述木工机械设计和制造工艺的专著。作者薛景石，字叔矩，河中万泉（今山西万荣）人，生卒年不详，约生活于13世纪中期。有关薛景石的生平事迹，在正史和地方志中未见记载，但从万泉地方志来看，薛姓是大姓，在当地是望族，薛景石可能即出生于这个宗族。

薛景石在机械设计和制造生涯中，非常重视"典章"和器械的"形制"。曾用心钻研过历代官私手工业传习图谱中许多机械的结构和造型，并结合自己的想法，自行设计具有特殊用途的木质器具和专供手工生产需要的复杂木质机械。经他手制造出的机具非常精致，多有创新。对此段成己在《梓人遗制》序中作过恰当概括："有是石者，夙习是业，而有智思，其所制不失古法，而间出新意。奢断余暇，求器图之所起，参以时制，而为之图。"

《梓人遗志》这部书是在中统二年（1261）定稿，元代是否刊印过现不得而知。迄今能够见到的是载于《永乐大典》卷18 245"匠"字部的摘抄本，内容有很大删节，已不完整。据段成己"序"载，原书内容丰富，共收有专用机械和器具110种。而现存抄本仅有其中"车制"和"织具"两部分的14种机械，其余的俱已亡佚。

在《梓人遗制》"织具"中载有华机子、立机子、小布卧机子以及整经和浆纱等机具的形制、具体尺寸和线条图。其中"罗机子"是早已失传的中国古代织制结构复杂通体绞结罗的织机的唯一记载。"立机子"是盛行于中国古代部分地区的竖立式织机的最详细记载，也是有关这种织机现存的唯一文字材料。"华机子"是研究古代提花机时不可缺少的重要文献。"白踏椿子"（绞综的一种）、"斫刀"（兼有织筘和织梭两种功能的工具）、"文杆"（制织显花织物的辅助工具）等工具，均系这些工具的最详明的记载。薛景石在叙述每一类别机械的制造方法时，都是先记与其有关的"叙事"，即对这一类机械总的说明和历史沿革进行评述；再写"用材"，即这一类机械所有部件的规格尺寸和装配方法；最后写"功限"，即制造这一类机械需用的时间。为了便于读者阅读和仿造，书中绘有大量机械图，包括总体装配图和各部位的零件图。如将其所绘的图与"用材"说明对照之后，即可顺利安装。可以说《梓人遗制》已具有现代制图学的一些概念。

七 《本草纲目》

《本草纲目》是一部集 16 世纪以前中国本草学大成的著作。作者李时珍，字东璧，号濒湖，蕲州（今湖北蕲春）人。明正德十三年（1518）生；万历二十一年（1593）卒。《本草纲目》是李时珍从嘉靖三十一年（1552）起，经过二十七年的努力,参考了八百多种著作,结合他多年的探访、观察、实验、比较、阅读、亲尝以及自己临症的印证,三易其稿,在万历六年(1578)编成的医学巨著。

《本草纲目》全书分为五十二卷,共计190万字。囊括的知识范围,远远超出了医药学的范畴,其中植物学、动物学、化学等知识亦相当丰富。书中有关织染方面的内容,是其收录的一百余种我国古代染家所用的染料和助剂。如所载矿物颜料有丹砂、石黄、赭石、银朱、胡份等;植物染料有蓝草、红花、栀子、苏枋、姜黄、山矾、鼠李等;整理剂及助剂有赭魁、白垩土、楮树浆等。此外,对桑树品种的分类、从草木灰中提取碱的方法以及蚕丝副产物的医学用途也有一些叙述。李时珍在"释名"和"集解"中,对收录的染料和助剂的异名、产地、种类、性能的概括和比较,内容之翔实,远超以前的文献所述。现择一例。

《本草纲目》卷三十六"山矾"条。

释名:芸香(芸音云)、碇花(碇音定)、柘花(柘音郑)、玚花(玚音畅)、春桂(俗七里香)。李时珍曰:芸,盛多也。老子曰:夫物芸芸是也。此物山野丛生甚多,而花繁香馥,故名。按周必大云:柘音阵,出南史。荆俗讹柘为郑,呼为郑矾,而江南又讹郑为畅也。黄庭坚云:江南野中碇花极多,野人采叶烧灰,以染紫为黝,不借矾而成,予因以易其名为山矾。

集解:时珍曰:山矾生江、淮、湖、蜀野中。树之大者,株高丈许。其叶似卮子,叶生不对节,光泽坚强,略有齿，凌冬不凋。三月开花，繁白如雪，六出，黄蕊，甚芬香。结子大如椒，青黑色，熟则黄色，可食。其叶味涩，人取以染黄及收豆腐，或杂入茗中。按沈括笔谈云：古人藏书辟蠹用芸香，谓之芸草，即今之七里香也。叶类豌豆，作小丛生，啜嗅之极芬香。秋间叶上微白如粉污，辟蠹殊验。又按苍颉解诂云：芸香似邪蒿，可食，辟纸蠹。许慎说文云：芸，似苜蓿。成公绥芸香赋云：茎类秋竹，枝象青松。郭义恭广志有芸香胶。杜阳编云：芸香草也，出于阗国。其香洁白如玉，入土不朽。元载造匀晖堂，以此为屑涂壁也。据此数说，则芸香非一种。沈氏指为七里香者，不知何据？所云叶类豌豆，啜嗅芬香，秋间有粉者，亦与今之七里香不相类，状颇似乌药叶，恐沈氏亦自臆度尔。曾端伯以七里香为玉蕊花，未知的否？

文中将山矾的别名、植物性状、各种用途以及前人对山矾的描述，归纳和整理得十分详细。难能可贵的是对其他染料的记载均如是。这种巨细靡遗的文献综述，极便于科学研究的进行，以至我们今天只要读过《本草纲目》，即可对古代植物染料染色的情况有一大致了解。

《本草纲目》堪称我国古代一本最完备的药典，同时也是我国一本规模初具的博物学辞书。自16世纪末梓刻行世以后，产生了巨大的影响，这部190万字的巨著在国内先后翻刻印刷达50多个版次，赢得"医学之渊海"、"格物之通典"之美誉。英国科学史家李约瑟甚至认为："明代最伟大的科学成就是李时珍的《本草纲目》"。

八 《农政全书》

《农政全书》是我国历史上最重要、影响最大的农学著作之一。作者徐光启,字子先,号玄扈,松江府上海县人。生于明嘉靖四十一年(1562),卒于崇祯六年。万历时进士,官至礼部尚书兼东阁大学士。徐光启学识渊博,虽为官多年,却始终致力于科学研究,一生有很多著述,在天文、历法、数学、物理、农学、军事等众多领域都取得了不凡成就。他曾向耶稣会传教士利玛窦等学习西方自然科学知识,并同他们合作翻译了《几何原本》、《泰西水法》等科学著作,成为介绍西方近代科学的先驱。

徐光启在他涉及的科学领域中,对农学最为重视。他自号"玄扈先生",即是向世人明其重农之志。玄扈原指一种与农时季节有关的候鸟,古时曾将管理农业生产的官称为"九扈"。徐光启的学生陈子龙在评价老师时也说:"生平所学,博究天人,而皆主于实用;至于农事,尤所用心。"

《农政全书》是徐光启在天启二年(1622)告病返乡后开始编写的。崇祯元年(1628),徐光启官复原职时该书写作已基本完成,但由于上任后政务繁忙,无暇再进行修订,直到死于任上也未最后定稿。后由陈子龙等人整理遗稿,于崇祯十二年(1639),亦即徐光启死后的6年,刻版付印，并定名为《农政全书》。

《农政全书》共60卷，约50余万字，分12目，其中有关纺织技术方面的内容占全书篇幅很少，且大多为辑录前人文献，但徐光启总结和分析历代农学文献结合自身实践心得所写部分，却甚为精辟，丰富了古农书中的纺织技术内容。如对棉纺织技术的总结，徐光启前的一些农书，虽对棉纺织技术有所记载，却均很简略，字数少者仅有寥寥数百字，多者也不过二三千字，而《农政全书》则用近万字，全面系统地介绍了长江三角洲地区棉纺织技术，内容涉及棉花的种植制度、土壤耕作、丰产措施及纺纱织造。其中有不少较为精辟的论述，如对有关棉花是草本还是木本植物及棉花与攀枝花区别的论述，对各地不同棉种的论述，对棉丰产的论述，对湿度影响纺纱质量的论述。

《农政全书》涉及的范围很广，举凡农业及与农业有关的政策、制度、措施、工具、作物特性、技术知识等等，应有尽有，是我国古代一部集大成的农业科学巨著，对当时及后来的农业生产具有重要的指导作用。后人们把它同《氾胜之书》、《齐民要术》、《陈旉农书》和《王祯农书》并列在一起，称为我国古代五大农书。

九 《天工开物》

《天工开物》是一本全面论述中国明末以前农、副业和手工业生产技术的百科全书式著作。作者宋应星,字长庚,江西奉新人。万历四十三年(1615)考取举人,崇祯七年(1634)任江西分宜教官,崇祯十一年为福建汀州推官,十四年为安徽亳州知州。明亡后弃官归里,终老于乡。

《天工开物》是宋应星在江西分宜任教官时著成,于崇祯十年(1637)由友人涂绍煃(约1582～1645)资助刊刻。全书按照"贵五谷而贱金玉"的原则列为十八个类目,共三卷十八章。其中的"乃服"、"彰施"两章,就其所描述的纺织和染整工艺来说,有许多内容是以前及同时代著作中未见的,且更加接近于实际生产。下举几则:

第一,蚕的杂交育种及防治某些疾病的技术。中国是世界上最早的植桑养蚕之国,《天工开物》总结了历史的成绩,特别在蚕的杂交育种及某些疾病的防治方面做了记述。这是中国,也是世界关于家蚕杂交和家蚕传染病的最早记载。对优化蚕种、防止蚕病蔓延、发展蚕业生产具有很大的指导意义。

第二,缫丝和丝的精炼技术。记载了杭嘉湖蚕丝生产中的"出口干、出水干"的丝美六字诀,并记述了用猪胰脱胶的方法:"凡帛织就,犹是生丝,煮练方熟。使用稻稿灰入水煮,以猪胰脂陈宿一晓,入汤浣之,宝色烨然。或用乌梅者,宝色略减。"

第三,棉织技术方面,记述了轧车、弹棉弹弓及棉布后整理。

第四,毛纺织技术方面,对山羊绒织作方法阐述的相当详细。中国用山羊绒织作的历史至少可以追溯至唐宋时期，但在明以前并没有山羊绒织作技术的记载。

第五，丝织技术方面，详细阐述了结花本的方法以及提花机的结构，所载"花机"，不仅文字说明极详尽，附图也非常细致，而且还注明了各部件的名称。书中对罗、秋罗、纱、绉纱、缎、罗地、绢地、绫地等组织的介绍，更是同时代的《农政全书》中所没有的。

第六，染色技术方面，对20余种颜色从配料到染法写得相当具体，并对蓝靛、红花、胭脂、槐花的制取和保存作了专门的介绍。

《天工开物》是中国古代一部非常有影响的科学著作，曾流传国外，先后被译成日文、法文和英文刊行。

十 《豳风广义》

《豳风广义》是一部论述我国西北陕西一带蚕桑丝绸技术以及家禽饲养方法的书。作者扬屾，字双山（1699～1794），陕西兴平桑家镇人，监生。一生居家讲学，未尝仕宦，矢志于经世致用之术，举凡天文、音律、医农、政治之书，多有研究。

扬屾在家乡讲学期间，有感于乡人误信陕西地区不适蚕桑之说，不从事这方面的劳作，苦于衣着原料，与史籍其地"固亦宜桑"的记载相违。于雍正二年（1725）率先放养柞蚕，然后自雍正七年（1729）起，又亲自开展养蚕缫丝和饲养家畜的实验，并广为推行其成功经验。先后十余年，一方之人，皆蒙其惠。《豳风广义》约成书于乾隆五年（1740），是扬屾根据其对蚕桑技术、农副生产的长年研究试验而写成。因为《诗经·豳风·七月》是涉及蚕桑生产的诗。而"豳"实为陕西地区的一部分，遂用以名其书。

《豳风广义》几乎对中国古代栽桑养蚕、缫丝、络丝，整经、织造方法等方面的许多宝贵经验和创造发明，都作了比较全面的总结和介绍。例如，关于桑树的栽培，把当时陕西地区的经验概括为"腊月埋条存栽"和"九、十月盘栽"两句话，订正了元代《士农必用》一书所讲："桑条截成尺长，火烤两头，春分时埋于地下"的错误叙述。关于蚕种的选择，强调选种的作用，不仅能淘汰体弱有病的第二代，而且可使第二代生长发育的时间和速度趋于一致。关于育蚕的时间，强调必须根据南北寒暖干湿等自然条件选取，"以谷雨前之三、四天为宜"，同时指出不管何地在这个问题上均应考虑桑叶的长势，即桑叶长到茶匙大时，才能开始养蚕。关于羊毛剪取，强调必须根据各地的气候条件开剪，并总结出一套能保证羊毛质量的剪毛方法和剪后处理方法。所有这些都具有极高的科学价值，兼之全书文字简明，通俗易懂，附有大量插图，使人一目了然，易于仿效。作者说它"乃秦地蚕桑之程式也，行之无疑"，实不为过。

参考文献

陈维稷主编《中国纺织科学技术史》，科学出版社，1984年。

赵承泽主编《中国科学技术史·纺织卷》，科学出版社，2002年。

朱新予主编《中国丝绸史》（通论），纺织工业出版社，1992年。

陈炳应《中国少数民族科学技术史纺织卷》，广西科学技术出版社，1996年。

上海纺织科学研究院《长沙马王堆一号汉墓出土纺织品研究》，文物出版社，1980年。

图书在版编目（CIP）数据

中国古代纺织与印染 / 赵翰生著. —北京：中国国际广播出版社，2010.7
（中国读本）
ISBN 978-7-5078-3143-6

Ⅰ.①中… Ⅱ.①赵 Ⅲ.①纺织工业－技术史－中国－古代 ②染整工业－技术史－中国－古代
Ⅳ.①TS1－092

中国版本图书馆CIP数据核字（2009）第230775号

中国古代纺织与印染

著　　者	赵翰生
责任编辑	姚　兰
版式设计	国广设计室
责任校对	徐秀英
出版发行	中国国际广播出版社（83139469　83139489[传真]）
社　　址	北京复兴门外大街2号（国家广电总局内）邮编：100866
网　　址	www.chirp.com.cn
经　　销	新华书店
印　　刷	北京广内印刷厂
开　　本	640×940　1/16
字　　数	100千字
印　　张	13
版　　次	2010年7月　北京第一版
印　　次	2010年7月　第一次印刷
书　　号	ISBN 978-7-5078-3143-6/TB·5
定　　价	21.00元

国际广播版图书　版权所有　盗版必究
（如果发现印装质量问题，本社负责调换）